重塑智能时代

重塑：
人工智能与智能经济

刁生富　谢世娜　著

北京邮电大学出版社
www.buptpress.com

内 容 提 要

在人工智能、大数据、物联网、区块链等智能技术的赋能下，产业智能化和智能产业化推动整个经济转型升级，使我国经济迈入智能经济新时代。本书从人工智能与智能经济这个大的命题出发，围绕人工智能与智能生产、智能商业及智能生活这三个维度展开，对智能制造、智能营销、智能零售、智能财务、智能金融、智能医疗、智能教育、智能家居等方面进行了较为全面的论述。对人工智能技术应用于经济生活的挑战与机遇进行分析的同时，本书带有一定的传播人工智能和智能经济知识的目的，以减少经济社会深度智能化给人们的工作、生活带来的摩擦，从而使得智能经济这种新型经济发展形态为我国经济增长提供新动能，助力我国经济转型升级和高质量发展。

本书读者对象为社会各界对人工智能与智能经济感兴趣的读者，特别是从事与经济相关工作的行政人员、研究人员、企事业单位工作人员，大中专院校师生以及具有中等以上文化程度的对互联网、大数据、人工智能、区块链等感兴趣的读者和创新创业者。

图书在版编目(CIP)数据

重塑：人工智能与智能经济 / 刁生富，谢世娜著. -- 北京：北京邮电大学出版社，2020.9
ISBN 978-7-5635-6054-7

Ⅰ.①重… Ⅱ.①刁… ②谢… Ⅲ.①人工智能－应用－中国经济－经济发展－研究 Ⅳ.①F124.3

中国版本图书馆 CIP 数据核字(2020)第 082155 号

策划编辑：彭　楠　　责任编辑：徐振华　米文秋　　封面设计：柏拉图

出版发行	北京邮电大学出版社
社　　址	北京市海淀区西土城路 10 号
邮政编码	100876
发 行 部	电话：010-62282185　传真：010-62283578
E-mail	publish@bupt.edu.cn
经　　销	各地新华书店
印　　刷	河北宝昌佳彩印刷有限公司
开　　本	720 mm×1 000 mm　1/16
印　　张	13.75
字　　数	246 千字
版　　次	2020 年 9 月第 1 版
印　　次	2020 年 9 月第 1 次印刷

ISBN 978-7-5635-6054-7　　　　　　　　　　　　　　　　定　价：58.00 元

・如有印装质量问题，请与北京邮电大学出版社发行部联系・

前言

2019年3月5日,第十三届全国人民代表大会第二次会议发布了2019年的《政府工作报告》。报告指出,要"深化大数据、人工智能等研发应用""推动传统产业改造提升""打造工业互联网平台,拓展智能+,为制造业转型升级赋能"。这是继"互联网+"之后,首次提出"智能+"这一重大战略。此后,在2019年3月19日召开的中央全面深化改革委员会第七次会议中,审议通过了《关于人工智能和实体经济深度融合的指导意见》。意见指出:新一代人工智能发展要构建数据驱动、人机协同、跨界融合、共创分享的智能经济形态。一系列促进人工智能发展的战略规划和政策措施的出台,进一步表明了人工智能作为一项新兴的技术力量,对实体经济的转型升级有至关重要的作用。

面对新一轮的科技变革和产业革命,消费升级进入了全新的阶段,消费者的消费趋势、消费习惯等都发生了改变,为了更好地满足人民日益增长的美好生活需要,各行各业也理应在人工智能、大数据、物联网、区块链等智能技术的赋能下,通过产业智能化、智能产业化推动整个经济转型升级,推动我国经济迈入智能经济的新时代。2019年4月,毕马威、阿里巴巴研究院、钉钉携手举办智能经济发布会,联合发布了四份关于智能经济的报告:《从互联网+到智能+——智能技术群落的聚变与赋能》《从工具革命到决策革命——通向智能制造的转型之路》《百年跃变:浮现中的智能化组织》《智能经济:迈向知识分工2.0》。这四份报告涉及技术、产业、组织、分工四个角度,全方位、多层次地剖析了我国经济的未来发展新形态,对加快我国发展智能经济的步伐具有重要意义。

之所以命名本书为《重塑:人工智能与智能经济》,正是因为以上时代背景和人工智能与智能经济对世界经济结构的重塑价值。在这样的时代背景下,正值探讨人工智能与智能经济的最佳时机。当前,人工智能进入了快速发展时期,引发了产业结构的深刻变革,众多传统产业在新旧动能转换的潮流中,借助于人工智能技术进行产业结构转型升级。人工智能技术与实体经济的深度融合,为我国经济的腾飞带来了巨大的发展机遇。人工智能技术作为新一代产业变革的驱动力,将重构生产、分配、交换、消费等各个经济活动环节,从而引领我国进入智能经济时代。结合当前的社会发展现状,发展智能经济对促进经济转型升级、提高人民生活质量具有重要的意义。我们要大力发展智能制造,推进产业高新化;大力发展智能营销,精准匹配消费者合意需求;大力发展智能零售,助力完善智慧城市物流设施;大力推进智能财务,提升企业竞争力;大力发展智能金融,切实落实普惠金融;大力发展智能医疗,增进民生福祉;大力发展智能教育,推进更加优质的教育;大力发展智能家居,追求高品质的生活体验。

基于此,本书从人工智能与智能经济这个大的命题出发,围绕人工智能与智能生产、智能商业及智能生活这三个维度展开,对智能制造、智能营销、智能零售、智能财务、智能金融、智能医疗、智能教育、智能家居等方面进行了较为全面的论述。对人工智能技术应用于经济生活的挑战与机遇进行分析的同时,本书带有一定的传播人工智能和智能经济知识的目的,以减少经济社会深度智能化给人们的工作、生活带来的摩擦,从而使得智能经济这种新型经济发展形态为我国经济增长提供新动能,助力我国经济转型升级和高质量发展。

本书写作过程中,参考了大量国内外文献,引用了许多有关智能经济的研究报告和白皮书,在此特向有关机构、研究人员和作者致以最真诚的感谢,对于书中存在的不足之处,敬请读者批评指正。

刁生富
2019 年 11 月 18 日

目录

第一部分　拥抱智能，深度融合

第一章　拥抱技术：人工智能时代的来临 / 3

　　人工智能技术通过模拟、扩大、延伸和增强人的功能，加速智能产业化和产业智能化，大大提高了人类改造自然和提升自我的能力，推进人类社会进入智能时代。拥抱智能技术，迎接智能时代，提升智能素养，发展智能经济，是新时代赋予我们的历史使命。

　　一、初识 AI：回顾过去与立足当下 / 5

　　二、人机对阵：人类智能与人工智能 / 14

　　三、布局 AI：经济影响与本书的结构框架 / 19

第二章　深度融合：从"互联网＋"到"智能＋" / 23

　　在经济发展过程中，生产力的每一次进步无一不是新旧动能转换的结果，随着近年来互联网、大数据、人工智能、区块链等智能技术与我国实体经济的深度融合，在"互联网＋"和"智能＋"的助推下，智能技术的赋能不断释放出我国经济高质量发展的新动能。

　　一、技术驱动：AI 驱动经济迈进"智能＋" / 25

　　二、技术赋能：AI 赋能实体经济 / 30

三、技术催生:AI 催生智能经济 / 37

第三章　异军突起:智能经济的崛起与影响 / 43

　　当前,全球正处于新一轮科技革命和产业变革的风口浪尖,大数据、人工智能、区块链等智能技术成为驱动创新与转型的重要力量,智能化的大变革浪潮汹涌袭来,各种技术交汇融合,重塑全球经济的发展蓝图,世界经济正在迈进智能经济时代。

一、基本概念:智能经济的定义和特征 / 45
二、技术支撑:智能经济的迅速崛起 / 49
三、未来已来:智能经济的未来趋势 / 53

第二部分　生产自动,消费无忧

第四章　智能制造:解放人的双手 / 59

　　制造业是实体经济的主体,通过人工智能、大数据、区块链等智能技术与制造业的深度融合,推动制造业向智能制造转型是我国新时代经济发展的必然要求,为我国由制造大国向制造强国转变、由中国制造向中国智造转变提供了历史性的发展机遇。

一、行业桎梏:制造业的现状与困局 / 61
二、科技赋能:挖掘制造业的价值 / 66
三、独特路径:迈向智能制造之路 / 73
四、价值考量:智能制造的经济价值 / 76

第五章　智能营销:精准获取与高效转化 / 79

　　在智能新时代,大数据和人工智能的广泛应用正以势不可当之势重塑商业模式和营销规则。时代在变迁,市场瞬息万变,将智能技术应用于商业数据处理可助力企业精准决策与高效实施,打破传统营销产业链,重构智能营销体系。

  一、当前态势:AI赋能营销的不足与优化 / 81

  二、行业升级:"智能＋"走进营销5.0时代 / 84

  三、理论支撑:营销组合理论助力智能营销目标 / 91

第六章 智能零售:助力重构智慧城市物流基础设施 / 97

"无人零售""无界零售"等零售新模式的产生对传统的零售模式造成了强烈的冲击,在人工智能、大数据、物联网等新一代信息技术的驱动与赋能下,零售业态不断更迭,我国零售行业迈进了智能零售的崭新阶段。

  一、发展脉络:不断更迭的零售业态 / 99

  二、转型升级:走进智能零售时代 / 104

  三、利好环境:助力行业又好又快发展 / 109

第三部分 智能决策,管理智能

第七章 智能财务:价值创造效力最大化 / 117

将智能技术与会计工作结合起来,对会计信息进行深度挖掘,寻找潜在的规律,或对会计信息进行预处理,大大减少会计劳动强度,进而通过会计智能化发展实现由传统会计向智能财务的转变,并促进传统财务会计人员不断吸收新的知识以实现向管理会计人员的转型升级。

  一、行业弊端:传统会计行业发展现状 / 119

  二、发展动力:基于AI的会计发展趋势 / 123

  三、行业变革:财务转型的必要性 / 126

四、系统升级:智能财务如何实现智能化 / 130

第八章 智能金融:全面赋能金融机构 / 135

人工智能与金融行业深度融合,催生了金融革命,全面赋能金融机构,深刻影响了传统金融的产业格局,使金融行业进入了以金融脱媒、虚拟渠道、个性服务、生态模式、决策智能为特征的智能金融时代,从而重塑了金融业态,孕育了新的商业模式。

一、金融革命:人工智能驱动金融转型 / 137

二、智能科技:构建新型金融业态 / 142

三、科技赋能:商业银行的智能转型之路 / 145

第四部分 化繁为简,品质生活

第九章 智能医疗:智能互联,信息共享 / 151

医疗是重大民生问题之一,与人们的生活息息相关。随着智能技术对医疗行业的赋能,行业市场规模呈逐年上升趋势,人工智能为解决当下医疗面临的诸多痛点提供了合理方案,以高质的智能医疗服务助力美好生活愿景的实现,智能医疗也成为人工智能最具潜力的领域之一。

一、行业现状:智能医疗发展现状 / 153

二、落地实施:智能医疗应用领域 / 158

三、行业拓展:5G远程医疗 / 169

第十章 智能教育:自我意识觉醒,教育回归本质 / 175

一个人的价值,不在于生命的长度,而在于生命的质量和生命的价值,教育的本质是对一个人生命质量和生命价值的拓展与延伸。

人工智能技术已渗透教育领域的各个环节,为传统教育向智能化转型提供了重要的驱动力,为教育回归本质提供了重要的助推力。

一、行业现状:智能教育市场现状 / 177

二、科技赋能:教育场景智能化 / 182

三、智能产品:教育机器人 / 188

第十一章　智能家居:跨界交互,定制服务 / 193

人工智能、物联网等智能技术的快速普及推动了消费升级,个性消费、品质消费、绿色消费、情感消费等新型消费开始成为人们消费的主流模式,家居体验逐步由传统转向智能,智能家居逐步渗透大众的生活,极大地提升了消费者的生活品质和幸福感。

一、技术基础:智能家居的底层支撑 / 195

二、整合创新:机遇与挑战并存 / 200

三、立足市场:市场现状与竞争格局 / 204

第一部分
拥抱智能,深度融合

第一章

拥抱技术：人工智能时代的来临

初识 AI：回顾过去与立足当下
人机对阵：人类智能与人工智能
布局 AI：经济影响与本书的结构框架

在人类漫长的进化发展历程中，制造和使用的工具在不断地发展变化，技术的力量不断推动着人类创造出新的世界。今天，以大数据、人工智能、互联网、物联网、区块链为代表的新一代信息技术获得了突飞猛进的发展，并日益广泛地渗入生产和生活的方方面面，把人类社会带入智能时代。身处在智能新时代的我们，要更好地发挥智能技术在经济领域中的作用，使其与经济各产业深度融合，就必须要了解何为人工智能、人工智能与人类智能有何异同、人工智能将如何重塑经济形态等诸如此类的问题。

一、初识 AI：回顾过去与立足当下

（一）人工智能的历史演进

人类的历史，也是工具进化发展的历史。人类在漫长的进化发展历程中，逐步学会了制造和使用工具。人作为一种会制造和使用工具的动物，具有区别于其他动物的特质。从农耕时代、工业时代、信息时代再到如今的智能时代，人类为了更好地改造自然，为了更好地生存和发展，用于生产的手段和工具也日益更新换代——从最早不会使用工具到只会使用天然工具，再到逐渐学会制造和使用简单工具，直到学会制造和使用越来越复杂的各种现代工具。在人类进化发展的这一过程中，制造和使用的工具由拓展人类体力不断演变为拓展人类脑力，工具的制造和使用模拟、延伸、拓展和增强了人类的能力，充当了推进人类不断进化发展的桥梁。

在计算机被发明之前，人们使用的工具大部分是拓展体力劳动的工具。这些工具的使用减少了体力消耗，然而大多数人从事着重复性的、程式性的、不依赖大脑思考的最原始的体力劳动，但最卖力的劳动却换来最廉价的报酬。

毫无疑问，人们并不会满足于此，他们会竭尽所能，制造新的工具，产生新的需求，进而不断制造出更先进的拓展脑力劳动的工具。计算机和人工智能等技术正是人类试图模拟、扩大、延伸和增强人的大脑功能的产物。

近几年来，人工智能一词不断涌入人们的视野，成为这个技术新时代——智能时代——的流行语。然而，人工智能的发展历程并不那么顺利，在经历了起起落落、磕磕绊绊之后，才慢慢地进入现在的智能勃兴的时代。

人工智能（AI，Artificial Intelligence）可以分为弱人工智能、强人工智能和超强人工智能三大类。目前的人工智能尚处于弱人工智能阶段，如 Siri、扫地机器人、AI 老师等，这些机器只不过看起来像是智能的，但并没有真正拥有智能，目前这些智能机器还不能完全独立地运作，对人工还存在较大的依赖性，仍依赖于人为操作。当然，也不会有自主意识。强人工智能又称通用人工智能，可以思考、推理和理解复杂概念，甚至具备意识和情感，强人工智能又可以分为类人的人工智能和非类人的人工智能两大类，前者指的是机器具有与人类相似的思

考和推理能力,而后者指的是机器所具有的思考、推理和逻辑能力完全有别于人类。超人工智能指的是超过人类的智能,目前并不存在。

对人工智能最早的探索可以追溯到莱布尼兹试图制造能够进行自动符号计算的机器,但从真正意义上说,人工智能这个术语在世界舞台上的首次亮相是1956年在达特茅斯学院举办的第一次人工智能研讨会。在这次会议中,科学家们探讨用机器模拟人类智能等问题,首次提出人工智能这一术语,开始从学术角度研究 AI。此次会议标志着人工智能这一新兴学科的正式诞生。

会议之后,大批学者开始从事人工智能的研究,人工智能开始走上了快速发展的道路。在这一时期,人工智能技术在某些关键领域取得了突破性进展。例如,1956年,塞缪尔研制了具有学习功能的跳棋程序;1957年,罗森布拉特发明了神经网络算法,极大地推动了人工智能研究领域的发展;1959年,塞缪尔提出了"机器学习"这一概念;1959年,德沃尔与约瑟夫·英格伯格联手制造出第一台工业机器人,随后成立了世界上第一家机器人制造工厂——Unimation公司;1965年,约翰·霍普金斯大学应用物理实验室研制出 Beast 机器人;1968年,美国斯坦福研究所研制出了世界上第一台智能机器人 Shakey。

然而,通往成功的道路并不是一帆风顺的。1974—1980年,人工智能在经过一段时间的发展与热潮之后,遭遇了发展的第一次低谷。1966年由美国自动语言处理顾问委员会(ALPAC)发表的《语言与机器:翻译和语言学中的计算机》以及1973年由英国莱特希尔教授发表的《人工智能普查报告》都表明,因先前的投资并未产生预期的收益而不应对 AI 领域的研究继续投资,使得 AI 领域的研究经费大幅较少。同时,由于当时的算法存在着局限性,甚至不能解决一些简单的二分类问题。

在这一时期,人工智能的发展面临三大技术瓶颈问题:一是硬件问题,计算机容量小、速度慢,中央处理器运算能力有限,不能解决人工智能研究中的实际问题;二是复杂性问题,人工智能程序只能解决简单、小范围的特定问题,并不能解决更高维度的复杂性问题;三是数据量问题,人工智能的研究依赖大量的数据,但当时存储数据的硬件和软件无法提供海量的数据样本。这是人工智能发展遭遇的第一个寒冬。[①]

---

① 华哥.三起两落的人工智能发展历程(上)[EB/OL].(2018-01-30)[2019-08-01]. https://mp.weixin.qq.com/s/4fwaYoL-AMrc5zL87Qwmx1g.

1980年，卡梅隆制造出了计算机智能专家系统XCON，这套"专家系统"由综合数据库、知识库和一个推理机组成，如图1-1所示，在投入运营后为公司创造了巨大的经济效益；1981年，日本注巨资研制第五代电子计算机，这一行为掀起了大量国家加入人工智能计算机研发的热潮，人工智能寒冬逐渐过去，开始复苏；1984年，霍普菲尔德用模拟集成电路实现了网络模型，使得深度学习大热并取得突破，引发了深度学习浪潮；1986年，连接主义学派找到新的神经网络训练方法，二分类问题得以解决。这些事件使得人工智能再次崛起。然而好景不长，人工智能的复兴之路仅持续了7年就进入了第二次低谷。

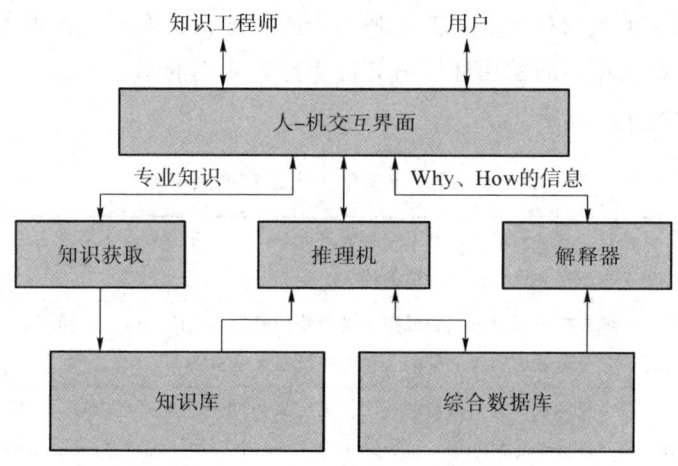

图1-1 专家系统工作原理示意图

人工智能进入第二次低谷的征兆是1987年硬件市场需求的突然下跌。苹果和IBM两家公司生产的第一台个人计算机的性能以及价格远超昂贵的Symbolics和Lisp机等老产品，加之XCON等专家系统难以升级、使用不便、维护费用高等局限，到了20世纪80年代晚期，美国国防高级研究计划局（DARPA）的新任领导认为人工智能并不是下一个浪潮，人工智能的性价比并不高，战略计算促进会大幅度削减对人工智能的资金投入，将拨款投向那些看起来更容易出成果的项目，各国政府也开始削减人工智能的科研经费。这一过程一直持续到1993年，也就是说，人工智能的第二次低谷持续了6年时间。

进入20世纪90年代中期，随着人工智能技术，尤其是神经网络技术的不断完善发展，加之人们不再片面地看待人工智能，而是以更加理性客观的态度对待人工智能，人们对人工智能的兴趣逐步提高，这就使得人工智能技术在经历多次曲折之后终于进入了大放异彩的蓬勃发展期。

从1993年开始，人工智能领域研究成果丰硕，捷报频传。1997年，IBM公司制造的"深蓝"（Deep Blue）计算机系统击败了世界顶级国际象棋大师卡斯帕罗夫，这是第一个在标准比赛时限内战胜人类国际象棋冠军的计算机程序，这一事件在世界上引起了轰动。这场举世瞩目的人机大战无疑打的是一场心理战，但我们并不能否认，在推算和信息处理方面，人工智能确实比人类更聪明、更快速，"深蓝"战胜国际象棋世界冠军是人工智能发展史上人工智能首次战胜人类智能，是人工智能的一次重大突破。此外，网络技术尤其是互联网技术的飞速发展，又一次激发了人们对人工智能的强烈兴趣，加快了人工智能的创新研究，使人工智能由理论性逐步向实用性发展并逐步融入人们的生活。近二十多年的人工智能大事件如表1-1所示。

表1-1 近二十多年的人工智能大事件

1998年	汉普森和钟汉男成功研制了宠物机器人Fury；燕乐存和本吉奥发表了关于神经网络应用于手写识别和优化反向传播的论文
2000年	布雷泽尔推出可以识别和模拟人类情绪的机器人KISMET；本田成功建造一款类似于餐厅服务员能够为顾客上菜的人工智能机器人ASIMO
2006年	艾奇奥尼和班科将"机器阅读"一词定义为"一种无监督的对文本的自动理解"；辛顿发表"Learning Multiple Layers of Representation"，提出"generative model"观点
2007年	李飞飞及其同事开始建立一个大型的、旨在帮助视觉对象识别软件进行研究的注释图像数据库ImageNet
2009年	成功开发无须人工干预、能够自动撰写体育新闻的程序STATS MONKEY
2011年	超级计算机沃森在益智节目Jeopardy中打败两位人类冠军，大获全胜
2012年	谷歌研究人员构建了全球最大的电子模拟神经网络，该神经网络在无外界指令的条件下自主学会了识别猫的面孔
2014年	谷歌在内华达州通过了自动驾驶汽车测试
2016年	谷歌人工智能机器人AlphaGo以1：4击败围棋世界冠军、韩国职业九段棋手李世石

纵观人工智能六十多年波澜壮阔的发展历程，我们不难发现，人工智能的发展并不是一帆风顺的，在经历了"三起两落"之后才跌跌撞撞地走到了今天，科学家们坚韧不拔的探索精神和不畏艰难的求知精神在其中起着最关键的作用。2019年3月27日，为人工智能的发展奠定基础的三位计算机科学家被授予了该领域最高的荣誉——图灵奖，他们是：多伦多大学名誉教授兼谷歌大脑人工智能

团队的高级研究员杰弗里·辛顿（Geoffrey Hinton）、纽约大学教授兼 Facebook 首席人工智能科学家杨立昆（Yann Le Cun）以及蒙特利尔大学教授兼人工智能公司 Element AI 的联合创始人约书亚·本吉奥（Yoshua Bengio），如图 1-2 所示。

图 1-2　三位人工智能"教父"被授予图灵奖
（左起：杨立昆、杰弗里·辛顿、约书亚·本吉奥）

人工智能不仅引爆了新的技术革命，还引爆了新的商业革命，使得谷歌等互联网巨头以及众多科创公司纷纷卷入 AI 技术和产品的市场竞争中，掀起了 AI 技术的下一个浪潮。我们惊叹于人工智能技术曲折发展史的同时，也应紧紧把握我们所处的 AI 高速发展时期，抓住机遇，迎接挑战，创新科技，用智能连接未来。

（二）人工智能的当前态势

当前，人工智能已经逐步从科幻走进现实，进入高速发展时期，并逐渐把人类社会推向智能时代。

从经济角度来看，人工智能作为引领未来的战略性高科技和新一轮产业变革的核心驱动力，正催生新产品、新产业以及新模式，导致产业智能化和智能产业化，引发经济结构的重大变革和传统产业的转型升级，深刻影响和改变人们的生产方式、生活方式和思维模式。世界各国都已认识到准确掌握和利用人工智能技术是未来国家之间竞争的关键赛场，对于提升本国的国际地位和国际竞争力是至关重要的，因此，各国为占领新一轮科技革命的历史高点，正积极部署人工智能发展战略。我国人口众多并初显人口老龄化趋势，同时面临着可持续发展以及经济结构转型升级的巨大挑战，结合我国国情与现实需求，人工智能技术对于我国的发展是一个历史性的战略机遇。

从产业发展层面来看，人工智能技术重塑社会再生产的四大环节（生产、分配、交换、消费），创造的智能化新需求从宏观领域延伸到微观领域，同时催生了新型经济形态，实现了社会生产力的整体跃升。① 全球人工智能核心产业规模呈逐年上升趋势，2017年全球的人工智能核心产业规模已超过370亿美元，其中，我国的人工智能核心产业规模已达56亿美元左右。

当前，人工智能在我国的研发进入了高速发展时期，一大批人工智能应用项目成功落地。人工智能作为一种引领未来的战略性高科技，无论是从全球视角来看还是从中国视角来看，都将呈现出规模化、安全化、健康化的发展趋势。

从全球视角来看，随着各国加大对人工智能研发的投入力度，人工智能技术已逐步走出实验室，进入人们的日常生活，日益显现出智能产业化、产业智能化的发展趋势。同时，在智能技术的赋能下，各大行业开启了转型升级之路，产业规模的经济潜力正厚积薄发。

众所周知，创新是引领发展的第一动力，谁掌握了关键核心技术，谁就能够在激烈的国际竞争中抢占制高点，赢得竞争优势。2019年3月5日，国务院总理李克强在《政府工作报告》中首次提出"智能＋"。报告指出："为推动传统产业改造提升，要围绕推动制造业高质量发展……打造工业互联网平台，拓展'智能＋'，为制造业转型升级赋能。"而人工智能更是连续三年出现在《政府工作报告》中，成为促进新兴产业发展的新动能。近几年来，我国陆续出台了一系列人工智能规划，紧锣密鼓地布局人工智能，对人工智能的研发处于世界前列，我国不仅是人工智能大国，还为人工智能的发展与应用发挥了强大的推动作用。此外，大数据等技术的飞速发展加速了人工智能的发展，人工智能的研究方向也变得更加人性化，公众对人工智能安全风险和社会治理的关注度与日俱增。

《2019年中国人工智能行业规模、产业三大业态、行业竞争格局及行业发展

---

① 吴朝晖.人工智能的过去、现状和未来[J].未来传播,2019,26(3):2-5,108.

趋势分析》①数据显示（如图1-3所示）：2015年全球人工智能市场规模已突破1 684亿元人民币，2015—2018年，保持平均17%的年增长率，规模迅速扩张到2018年的2 700亿元人民币。初步预算，2019年的全球人工智能市场将达到4 285亿元人民币，年增长率为58.7%，2020年的全球人工智能市场将达到6 800亿元人民币，年增长率为58.7%，相较于2018年以前的增长速度，2018—2019年出现跨越式增长。

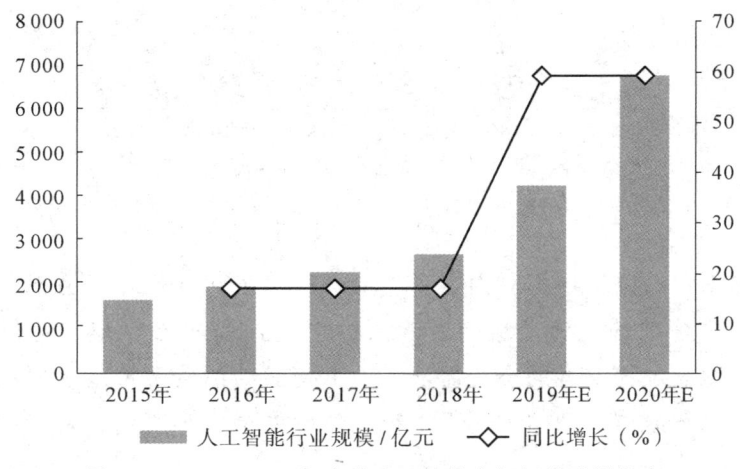

图1-3　2015—2020年全球人工智能市场规模及增长率

从中国视角来看，前瞻产业研究院发布的《中国人工智能行业市场前瞻与投资战略规划分析报告》②统计数据显示（如图1-4所示）：2015年中国人工智能市场规模已突破100亿元，2016年中国人工智能市场规模达到141.9亿元，同比增长26.3%，截至2017年，中国人工智能市场规模增长至216.9亿元，同比增长52.8%。初步测算，2018年中国人工智能市场规模将达339亿元左右，比2017年增长56.3%，远高于全球17%的增速水平，并预测在2019年、2020年中国人工智能市场规模分别将达500亿元、710亿元。2015—2020年复合年均增长率为44.5%。

人工智能在经济领域的应用是一个循序渐进的过程，由一开始人们的抵触到如今的广泛应用，人工智能应用逐渐被人们接受。例如，人工智能技术在营

---

① 中国产业信息网.2019年中国人工智能行业规模、产业三大业态、行业竞争格局及行业发展趋势分析[EB/OL].(2019-07-17)[2019-08-27].https://www.chyxx.com/industry/201907/761032.html.
② 前瞻产业研究院.2019年中国人工智能行业市场分析:增速高于全球发展,5G商用推动智能终端发展[EB/OL].(2019-04-17)[2019-08-23].https://bg.qianzhan.com/trends/detail/506/190417-a2f95525.html.

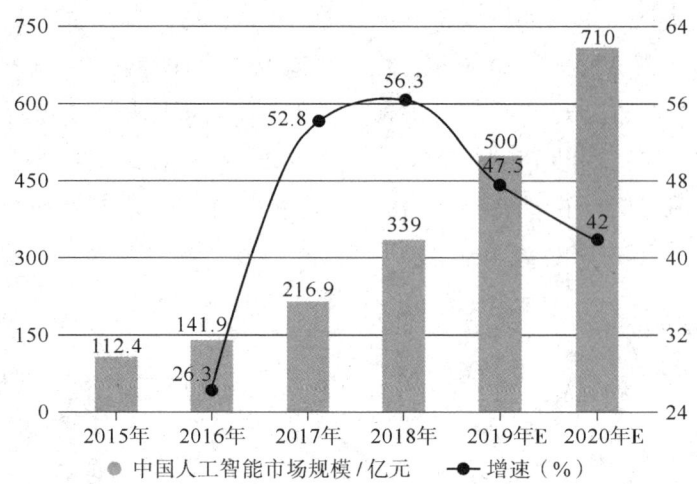

图 1-4　2015—2020 年中国人工智能市场规模统计及增长情况预测

销中能根据用户的浏览历史对消费者的消费需求进行分析，然后根据分析数据为消费者提供精准的、满足消费者购买欲望的产品服务，精准定位，智能营销，最大化地满足消费者的合意需求。人工智能给消费者带来了便利，加速释放了全球人工智能市场的需求，人工智能的发展是大势所趋，是生产力发展的必然结果。

人工智能产业涉及的覆盖面广泛，主要包括基础层、技术层以及应用层三个层面。在人工智能基础层领域，占据优势地位的企业多为谷歌、阿里巴巴等互联网科技巨头，它们拥有数据、技术、资金等方面的优势。同时，由于行业所具有的特点，如研发大数据、云计算等需要大量的资金投入、复杂的技术设备、先进的人才支撑，以及研发周期较长等特点，为了保证该行业能够更快更好地发展，必然需要政府的投资与支持，这也使得参与者多为具有庞大数据优势的互联网巨头。虽然基础层具有较高的行业壁垒，大部分新兴初创企业处于被并购的地位，但这并不意味着中小创业公司在这一领域毫无机会，这些中小创业公司可吸收全球海量的创业投资资金以助力自身的崛起。

在技术层方面，技术力量不断完善发展，感知信息是机器获取信息的渠道，目前，人工智能在信息感知方面已有较大突破。这一层面主要涉及图像识别、语音识别、智能感知以及自然语言理解这四个方面。

一是图像识别。图像识别是人工智能的一个重要领域，正在成为人工智能领域中的智慧浪潮。顾名思义，图像识别就是以计算机为基础，对一系列海量的图像进行分析，区分归纳出不同图像的技术。在日益信息化的社会中，图像识别技术被应用于各行各业，如医疗、航天、教育、工业等，特别是对人工智能具有深远影响，其通过计算机替代人力去完成大量无法识别或过于耗时耗资源的问题，使得劳动力大量地从烦琐复杂的工作中解放出来。图像识别涉及的领域是非常抽象的，但其在社会生活中的涉及面越来越广，在各领域中也发挥着举足轻重的作用，在经济活动以及人们的日常工作和生活中扮演着重要的角色，图像识别在具体情境中的应用将重塑企业经济形态和人们的生活形态。

二是语音识别。语音识别也称自动语音识别，是一门交叉学科。在过去二十多年的人工智能的发展中，语音识别技术有了较大的发展，使得语音识别从实验室走进现实，在家电、电子通信、汽车驾驶、家庭服务、医疗、电子产品等领域均有所涉及。语音识别技术被认为是2000—2010年信息技术领域十大重要的科技发展技术之一，旨在将人类的语音内容转换为计算机可读的数据输入，如按键、二进制编码或者字符序列。语音识别主要借助于模式匹配方法，根据识别对象的不同，语音识别可分为孤立词识别（识别事先已知的单个的词语）、关键词识别（识别一句话或一段话中已知的若干个关键词）、连续语音识别（识别任意的一句或一段语音）这三类；根据针对的发音人的不同，语音识别又可分为特定人语音识别（只能识别一个人或几个人的语音）和非特定人语音识别（可被任何人使用，难度也更大）这两类。近年来，语音识别技术使得机器能够听懂人类的语言，加之深度学习算法的发展，各种电子设备具备将语音转化为文本的能力，语音识别技术发展迅猛。

三是智能感知。以上两者涉及的是视觉和听觉，而触觉在信息获取方面也是至关重要的。智能感知是指利用各种传感设备来获取外界的信息，其包括记忆、判断、推理等过程，由于科技的进步发展，近年来智能感知领域的研究成果层出不穷，智能手环就是一个很成功的例子，它可以通过与身体直接接触，利用传感器识别人体的各项指标，进而判断一个人的健康状况以做出及时的提醒与反馈。

四是自然语言理解。自然语言理解也称人机对话，是人工智能的一个分支学科，是人工智能领域研究的一个重要方向，它研究用电子计算机模拟人的语言交际过程，使计算机能理解和运用人类社会的自然语言（如汉语、英语等），实现人机之间的自然语言通信，以代替人的部分脑力劳动，包括查询资料、解答问题、摘录文献、汇编资料以及一切有关自然语言信息的加工处理，即研究能实现人与计算机之间用自然语言进行有效通信的各种理论和方法。①

在应用层方面，人工智能应用涉及的领域越来越广，在未来将涉及几乎所有的产业。目前，人工智能取得重大突破的主要有智能工厂、智能机器人、智能医疗、智能家居、智能金融、智能零售等。各应用系统之间的连接性较差是应用层面临的一个棘手问题。市场上的各个企业进行交易时均在推广自己的应用平台，同时大多数行业呈寡头竞争格局，它们都不愿主动让出自己的领域去连接其他企业的平台系统。此外，技术层面还存在技术力量薄弱的问题，算力、算法并不能解决全部问题，在一些复杂的应用场景还有待加强技术开发，如无人驾驶技术。应用层面的市场开发力度也有待加强。

总之，人工智能作为一门新兴的交叉学科，未来将会成为推动人类进步和时代变迁的主流学科之一。当前，人工智能某些领域的研究成果已被广泛地应用于生产和生活的各个领域。随着新一代信息技术的快速发展，人工智能行业会引起越来越多的关注，得到越来越广泛的应用，促进科技创新与社会进步。同时，行业的发展会对世界现有的政治、经济格局产生强烈的冲击，机遇与挑战并存。我们要合理利用人工智能技术，把握机遇，发展经济，提升生活品质，建设智能社会，构建更便捷、更智能的幸福生活。

二、人机对阵：人类智能与人工智能

（一）人工智能

1956年，约翰·麦卡锡（John McCarthy）在达特茅斯会议（Dartmouth Conference）上提出了人工智能的一个比较流行的定义：人工智能就是要让机器的行为看起来像是人所表现出的智能行为一样。目前，对人工智能的定义较多，大致可划分为四类，即机器"像人一样思考""像人一样行动""理性地思考"和"理性地行动"。人工智能作为一门交叉学科，立足于多种学科相互渗透，是研究如何在计算机上模拟、实现、扩展人类智能的一种前沿科学技术，已经成为当下

---

① 白二鹏.人工智能的发展与应用现状[J].营销界,2019(12):74-77.

研究和应用的热点。通过人工智能技术，计算机可以熟练完成曾经只有人类才能完成的工作，减少了人类的工作量，成为21世纪的三大尖端技术（空间技术、能源技术和人工智能）之一，从侧面反映出人工智能依然处于蓬勃发展阶段。人工智能综合多种技术形成的新型交叉技术，可提供不同应用场景和在不同行业中的解决方案，移动互联网、金融、交通等多个行业已率先深受其益。①

　　人工智能这个概念可以从"人工"和"智能"两方面来理解。从字面意思来看，"人工"一词并不难理解，所谓"人工"，指的是人为的、人造的，可以凭借人类自身力量进行发明制造的，其涉及的深度并未达到可以创造人工智能的程度。"智能"一词则是一个抽象的概念，比"人工"要复杂得多，其字面意思是利用人的智慧来扩展人的能力，更深层次的含义则涉及人的思维、情感、意识等问题。虽然古今中外有许多科学家一直致力于探索"智能"，但对其本质并未得出一个确切的定义。结合"人工"与"智能"二者的概念，我们可以把人工智能理解为研究、开发用于模拟、延伸和扩展人的智能的理论、方法、技术以及应用系统的一门新的技术科学。②

　　随着新一代信息技术的快速发展，人工智能技术的应用涉及人们的衣食住行，已深入人们的生产和生活中的方方面面。人工智能在当今世界随处可见，部分人工智能在计算、决策以及分析方面的能力已经超越了人类，某些岗位的工作已被人工智能取代，岗位的替代会引发失业，进而引起人们的焦虑。人工智能作为当下最先进的战略性高科技，其在经济和社会发展中既有优势，又有劣势，我们要利用好这项新兴技术力量，就必须正确区分人工智能技术的优劣，合理利用。人工智能具有如下优势与劣势。

　　一是人工智能拥有强大的计算、分析、决策能力。人工智能虽说是由人类研发的，但其计算、分析、决策能力远高于人类，在保证速度的同时，其准确率也是相当高的，出错的概率微乎其微。例如，人们利用人工智能进行语音识别、图像处理、信息存储、决策等活动的准确率与信息处理能力都是极高的。然而，任何一种技术力量都具有局限性，人工智能也不例外，人工智能并不能处理与解决所有的问题，在涉及教育与情感方面的较为复杂的工作时，人工智能也束手无策，并不能取代人类。

---

① 苗嘉荣.人工智能行业应用的最新现状和未来趋势研究[J].现代商业,2019(9):51-52.
② 刘波.人工智能对现代政治的影响[J].人民论坛,2018(2):30-32.

二是人工智能目前仍依赖于人为操控。尽管当前许多人工智能产品拥有高超的智慧，但与人类的智慧相比，还有一定的差距，人工智能在某些方面仍存在一定的局限性。许多人工智能产品并不能依靠自身自主可控地工作，其要维持正常的工作，还必须借助于人工操作，而一旦脱离了人工操作，这些智能产品将无法正常发挥其性能。以计算机为例，计算机作为能够高速处理海量数据的先进高科技产品，其对人们的生产、生活产生的影响是不言而喻的，然而，如果不依赖于人工，计算机的功能则大打折扣，甚至只是一个作为摆设的机器，更别提为人们高效的工作、生活提供便利了。

三是人工智能也存在意外情况，并不能保证不出错。例如，由亚马逊公司研制的智能音箱 Amazon Echo 被认为是最稳健的智能音箱之一，可以通过简单的语音指令帮助人们完成日常的一些琐事，给人们提供了方便。然而，它并不是完美的，它也会犯错。据报道，在 2017 年，Amazon Echo 在一位德国人不在家时被意外激活，以致在午夜时分大家熟睡时播放音乐扰民，使得邻居不得不请求警察的帮助，因主人不在家，警察只得破门而入，将音箱关掉。综上所述，虽然绝大部分人工智能给人们提供了诸多便利，但并不能保证它不犯错，而由于人们的惯性思维认为人工智能是完美的，是不会犯错的，因此当其真正犯错时，我们并不能有一个十全十美的解决方案。

（二）人类智能

人类之所以被称为"万物之灵"，最重要的原因是人类拥有独一无二的智能——人类智能。360 百科给人类智能的定义是：人类智能，顾名思义就是人类所具有的智力和行为能力，是认识世界和改造世界的才智和本领，是人类所具有的智能，具有天然的生物属性，主要体现为感知能力、记忆与思维能力、归纳与演绎能力、学习能力以及行为能力。① 简而言之，人类智能就是人的智慧和能力，是涉及人的思维、创造力、情感、意识等的综合性的精神活动能力，是人们综合已知的一切可利用资源以形成新的认知、提升自我能力、学习新知识以及发现和解决问题的能力。

人类在几千年的浩瀚历史长河中处于食物链最顶端，学会了制造和使用工具，发明创造了语言文字，在满足衣食住行等基本物质生活需求的同时，还追求

---

① 人类智能[EB/OL].[2019-08-27]. https://baike.so.com/doc/1995632-2111814.html.

教育、休闲等精神生活的提升，创作了陶冶情操的艺术，发明了包括人工智能在内的众多先进技术，并借助于技术的力量"可上九天揽月，可下五洋捉鳖"，对事物的探索由地球表面延伸到太空和海底。

人类智能涉及情绪、社会关系与人类思想三个方面，而语言充当了这三者联系与交流的桥梁，这是有别于人工智能的又一特征。人类是会情绪化的存在，是集感性与理性于一体的生物，一个人的某些语言可能会在一定程度上触发人类的情绪，我们把脏话这类语言归为负面语言，这些负面语言会对情绪产生影响。从社会关系上看，人类是一个群居的物种，语言促进了群体之间的沟通，体现了群体间社交关系的维持及对自身利益的维护。人类思想是人类智能区别于人工智能的特别显著的特点，人工智能是没有思想的，短期内不可能具有与人类同等程度的智慧，然而，人类智能也是存在局限的，对事物维度的认知程度并不够。

人工智能具有极强的运算能力，相反地，人类智能的运算能力却远不及人工智能，运算不是人类智能所具有的优势，人类本不擅长运算，而推断能力是人类在几千年的历史发展中积淀出来的产物，推断能力是人类的特长，基于此能力，人类能够从无边界、不完全、动态的信息中做出正确的推理和决断。然而，人类智能并不能解决所有的问题，也会存在研究的极限，宇宙万物，纷繁复杂，人类并不能发现、认识所有的事物。例如，在 2019 年 7 月 25 日，一颗小行星以 24.5 km/s 的速度与地球擦肩而过，距地球仅 7.3 万千米。看似遥远，但从宏观天体视角来看，如果这颗名为"2019OK 行星"的小行星的运行轨迹稍有偏转，那么必定会给存在了几十亿年的地球造成毁灭性的灾难。在小行星到来的前一天科学家才发现其轨迹，说明人类智能无疑也是存在局限性的。

（三）人工智能与人类智能

人工智能作为引领当代新一波浪潮与技术革命的战略性新兴科技力量，具有无可比拟的优势地位，基于人工智能的各种智能产品对人们的生产、生活产生了巨大的影响。人工智能在给人们带来便利的同时，也引起了人们的焦虑，在面对着许多岗位被人工智能取代，人们面临失业风险的窘境时，人们不禁会猜测：人工智能是否会在将来的某一天取代人类？

目前，许多人类的工作已经被人工智能替代，尽管如此，人工智能产品完全取代人类的地位是不太可能的。从已被人工智能替代的岗位来看，这些岗位绝大多数为搬运工人、司机、客服等从业人员的技术含量要求较低的岗位,以及涉及海量数据的信息计算岗位。这些岗位的被替代使得人们从机械烦琐的工作中解放出来,人们有了更多空余的时间去学习新知识、发现新事物,有了更多的时间去满足精神生活的需要和追求品质生活。

人工智能产品不具备人类的生命特征,且只能执行单项任务,并不能像人类一样同时处理多项任务。此外,思维是人脑特有的功能和属性,是人类借助于社会生活实践衍生的产物,能使人类与自然进行联系。人们制造出的机器人会学习、模仿人的行为习惯,并不断地向人脑思维靠近,但其只会机械地接收外部信息,二者之间存在着明显的不可逾越的界限。而人类智能的物质承担者是人脑,人脑是高度组织起来的复杂体系,如图1-5所示。人类智能主要是生理和心理上的多层次和错综复杂的运动交互过程,是一种由高级神经中枢组织的复杂的生理心理过程,它是基于人类躯体的自生活动,智能活动与人类本身具有统一性。人脑会灵活处理接收到的外部信息,并做出综合理性的分析。人类具有批判性思维、战略思考、创造力与想象力、情感与沟通、心理素养、技术知识等能力,而人工智能欠缺这方面的能力,这也就意味着人工智能产品在技术与思维上都不如人类智能。

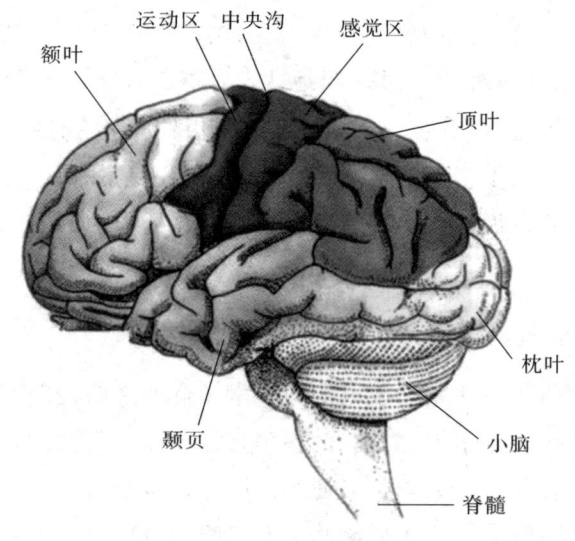

图1-5 人脑组织结构图

人工智能是不具备情感的机器,其取代了那些从事烦琐的、机械性工作的人们,使人们得以追求更高的智慧与更智能化的发展。例如,教育机器人(如

图 1-6 所示）的出现可以减少师生之间的诸多矛盾，其会一遍又一遍不厌其烦地为学生讲解难题。此外，教育机器人也可以避免学生对某个老师有偏见而对该门科目产生排斥心理，其可以根据学生个人的喜好与个性为学生提供定制性的服务，起到教学作用的同时又满足了学生的兴趣。然而，教育机器人只是没有情感的机器，并不能及时关注学生心理的变化，这是它的一大弊端。学生的身心健康成长是人们极其重视的，而教育机器人并不能实现这一点，这就决定了人工智能在教育领域取代人类智能在短期内是不可能实现的，人工智能仍有一段很长的路要走。

图 1-6　大疆教育机器人

根据前文对人工智能与人类智能的优势、劣势进行的客观理性的比较分析，不难发现二者既有自身较大的优越性，又存在一定的局限性。人工智能实质上是人类能力的自我提升与延续，我们不能将人工智能与人类智能孤立开来，应将二者有机结合起来。人工智能是发挥人类智能的辅助性工具，无论是人工智能替代人类智能，还是人类智能淘汰人工智能，都是不可取的。这是一个人工智能与人类智能相结合的时代，我们不能忽视其中任何一个，人工智能与人类智能是相辅相成、互为补充的，人工智能技术的运用离不开人类智能，人类智能的进化发展又促进了人工智能的进步与完善，我们要合理利用人工智能，最大限度地发挥人类智能的作用。

三、布局 AI：经济影响与本书的结构框架

（一）人工智能的经济影响

近年来，人工智能飞速发展，不仅对生产生活产生了广泛而深远的影响，还对世界经济格局产生了强烈冲击。人工智能凭借强大的赋能力量，促进了经济结构转型升级，提高了全要素生产率，调整了要素收入分配格局，促进了经济增长。随着技术的进步与经济的发展，人工智能在经济领域的应用越来越广泛，极大地影响了人们的生活，更大限度地满足了人们的需求，得到了社会各界的高度

关注与重视。

人工智能技术的运用对经济生活产生的影响主要表现在以下几个方面。

第一，人工智能提高全要素生产率，促进经济增长。人工智能技术作为新时代推进人类科技进步的高科技力量，推动了全要素生产率的提高，进而推进经济由高速增长向高质量发展迈进。以劳动为例，人工智能对全要素生产率的提高作用可从以下两个方面加以实现：一是人工智能对劳动者具有替代效应，通过将经济活动中那些从事落后的、机械性工作的工人替换掉，进而引入先进的机器设备，将烦琐的工作简单化，使得工人从繁杂的工作中解放出来，从而促进了生产率的提高；二是人工智能技术使工人有了更多的空余时间，他们可以借助于人工智能技术进行自我提升，突破自身局限，将空余时间用于从事更具创造力的工作，实现更大限度的价值创造。因此，在经济活动中引入人工智能进行一些岗位的替代，可以填补劳动力的空缺，提高劳动生产率，以新动能替代旧动能，助力经济结构转型升级，推动经济发展的质量和效益的提高。

第二，人工智能推动产业结构转型升级。人工智能在不同的产业中有不同的应用前景，人工智能会催生不同产业的新业态和新模式，进而推动产业结构转型升级。不同行业会有不同的生产方式，因此人工智能产生的影响也是不尽相同的。对于劳动密集型的传统产业，运用人工智能机器设备替代人力劳动；对于资本密集型的产业，则利用人工智能替代落后设备，提高劳动者的技术素养，以新动能替代旧动能，进而重塑产业结构，实现转型升级。同时，产业类型不同，人工智能对其影响程度也相应地不同。对于以人力劳动为主的农业和以机器生产为主的工业，虽然二者的主要劳动工具有所差别，但是其作业都具有很强的重复性，因此很容易被人工智能取代。而在人工智能的赋能下，服务业的发展规模会得到进一步的扩展，同时，由于服务业的性质有别于农业和工业，随着人工智能与服务业的深度融合，人机结合将进一步释放服务业中巨大的发展活力。

第三，人工智能重塑收入分配格局。人工智能对收入分配格局产生的影响是多渠道的。首先，由于消费群体不同，人工智能技术所产生的影响也不同，而不同群体的边际产出一般情况下是不相同的，那么他们的收入状况自然也不同。对于不同的要素群体，由于要素回报率的不同，其收入状况也存在差异。近几年来，资本回报率呈逐年上升趋势，少数资本所有者拥有了更多的收入，而人工智能的普及减少了对劳动的需求，这就使得劳动回报率相对下降，人工智能技术的运用更深化了这种差异。其次，在劳动者内部，不同技能劳动者的要素报酬是不同的，在面对技术进步带来的冲击时，其收入也会呈现不同程度的变化，人工智能技术不仅会替代低端岗位，中高端岗位被替代也在所难免，如果是对低端岗位的替代，那么会扩大收入的两极分化，如果是对高端岗位的替代，则这种替代有助于缩小收入差距，这也就意味着人工智能对劳动力的替代导致的收入结构变化并不能一概而论。

第四，人工智能引发新兴产业，提高产业效率，推动结构升级。[①] 现阶段，我国经济发展迈入一个崭新的时期，经济增长速度逐渐放缓，更加注重环保问题，我国经济已由高速增长阶段转变为高质量发展阶段。同时，我国面临着严峻的国际形势和国内经济下行压力，国家和政府采取措施深化改革，紧跟时代潮流，紧握技术对产业的赋能，继续推进我国经济保持中高速发展。此外，国家和政府在保持经济运行总体平稳的情况下，还兼顾经济全方面发展，不断优化经济总体结构，在智能技术催生新生产业的过程中注重新旧动能的有序转换，促使经济发展过程中的协调性和持续性得到了明显的增强，使得经济迈向高质量发展的步伐更加稳健。然而，从当前宏观经济发展态势来看，我国经济增长整体趋势略有减退，以往"三驾马车"的发展策略已不适应现实需求及未来的发展。为了保持我国经济长期向好的发展态势，必须寻找新的经济增长点，以刺激经济实现稳中有进的高质量增长。众所周知，科学技术是第一生产力，创新是引领发展的第一动力，任何一次科技革命的兴起都将对世界经济格局产生深刻的影响，而人工智能技术作为一项新兴力量，无疑会对我国经济增长产生不可估量的影响。同时，人工智能可以契合行业自身的特点与发展，催生新兴产业，推动行业向智能化转型。例如，将人工智能技术应用于会计行业，使得从事重复性工作的低端会计人员将被人工智能取代，而只有不断进步、通过交叉学科培养的高端会计人才才能在财务智能化趋势下适应市场的竞争。

（二）本书的目的、内容和框架

本书对人工智能的发展及其对人类经济和生活的影响进行了初步的探讨，对智能经济所涉及的生产、消费、管理、决策与生活等方面进行了分析。人工智能技术作为新一代产业变革的驱动力，将重构生产、分配、交换、消费等各个经济活动环节，从而引领我国进入智能经济时代。在结合当前社会发展现状，阐述了发展智能经济对促进产业转型升级、提高人民生活质量的重要意义的同时，本书也分析了智能经济发展的现状及存在的问题，并在此基础上提出了我国智能经济的发展重点：大力发展智能制造，推进产业高新化；大力发展智能营销，精准匹

---

① 刘雪宁.人工智能发展对经济的影响[J].合作经济与科技，2019(15)：34-35.

配消费者合意需求；大力发展智能零售，助力完善智慧城市物流设施；大力推进智能财务，提升企业竞争力；大力发展智能金融，切实落实普惠金融；大力推进智能决策，提升企业整体效益；大力发展智能医疗，增进民生福祉；大力发展智能教育，推进更加优质的教育；大力发展智能家居，追求高品质的生活体验；实施智能社会治理，推进治理现代化。

基于此，本书从人工智能与智能经济这个大的命题出发，围绕人工智能与智能生产、智能商业及智能生活这三个维度展开（如图 1-7 所示），进行了较为全面的论述，对人工智能技术应用于经济生活的挑战与机遇进行学理分析的同时，本书也带有一定"学术软读物"的特点，旨在通过与公众一起分享人工智能的发展和智能经济的知识，提升公众的智能素养，以减少智能经济给人们的工作、生活带来的摩擦，从而使得智能经济这种新型经济发展形态为我国经济增长提供新动能，助力我国经济转型升级，进而推动经济的高质量发展，提升我国的国际话语权。

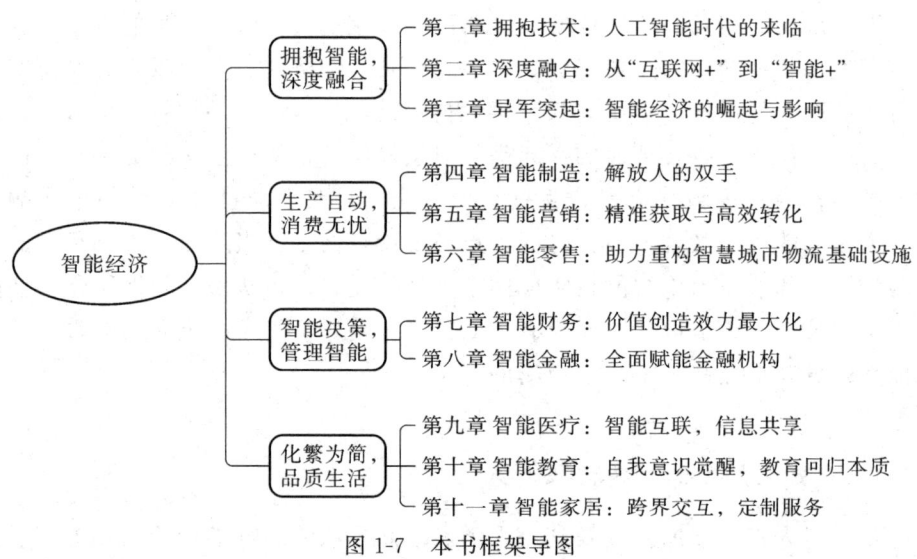

图 1-7　本书框架导图

第二章

深度融合：从"互联网+"到"智能+"

技术驱动：AI 驱动经济迈进"智能＋"
技术赋能：AI 赋能实体经济
技术催生：AI 催生智能经济

近 20 年来，互联网技术的快速普及使社会生活发生了翻天覆地的变化，随着大数据、人工智能、区块链等新兴技术的迅猛发展，"智能＋"开始登上经济舞台并大放异彩。"互联网＋"是一种工具，其解决的是通信的问题，而"智能＋"作为一种方法和思维方式，其通过为各行各业的转型升级赋能，解决的是效率的问题。在智能新时代，人工智能等新兴技术推动我国经济发展由"互联网＋"向"智能＋"迈进，赋能实体经济，催生智能经济，不断释放出我国经济高质量发展新动能的活力。

第一部分　拥抱智能，深度融合
第二章　深度融合：从"互联网＋"到"智能＋"

一、技术驱动：AI 驱动经济迈进"智能＋"

随着个人计算机和智能设备的飞速发展，我国互联网正在从消费互联网向产业互联网发展，"互联网＋"的范围不断扩大。与此同时，与传统互联网相比，物联网、人工智能、大数据、区块链等多种技术以及智能分析和决策技术日益融入人们生产、生活的方方面面。人工智能技术促进了经济活动的智能化发展。正如旨在探讨传统行业与互联网融合带来的商业机会的 2016 年博鳌亚洲论坛会议上，百度总裁张亚勤所提出的"智能＋"发展思路所述，"智能＋"是"互联网＋"的延伸和下一站，"智能＋"将加速物理世界与数字世界的融合，再度重构 3 600 行的商业模式与竞争法则。[①]

（一）简述"互联网＋"

2012 年，在易观第五届移动互联网博览会上，易观国际董事长兼 CEO 于扬首次提出了"互联网＋"这一概念，而其真正落实是 2015 年李克强总理在全国两会的《政府工作报告》中首次提出了"互联网＋"行动计划。李克强总理表示：要制订"互联网＋"行动计划，推动移动互联网、云计算、大数据、物联网等与现代制造业结合，促进电子商务、工业互联网和互联网金融健康发展，引导互联网企业拓展国际市场。

"互联网＋"是网络化与信息化融合的更深层次的发展，代表了一种新的经济形态。这种新型经济形态发挥了互联网优化生产要素配置的作用，将互联网的创新成果与经济社会各领域深度融合，是知识社会互联网形态演进及其催生的经济社会发展新形态。

通俗地讲，"互联网＋"就是互联网技术与各个传统行业的结合。这种结合的关键是创新，创新推进创造新的发展形态。"互联网＋"借助于信息化技术，促进了各领域、各行业的融合发展，如图 2-1 所示，互联网与各行各业的结合赋予了行业新的动力源泉，不仅对提高产业竞争力和资源配置效率起到了

---

① 张亚勤.智能＋是互联网＋的发展延伸[J].金卡工程,2016(3):6,8.

良好的推动作用，还对我国的实体经济产生了全方位、根本性、深层次的影响，互联网对经济的赋能使得经济发展有了更多的可能性。

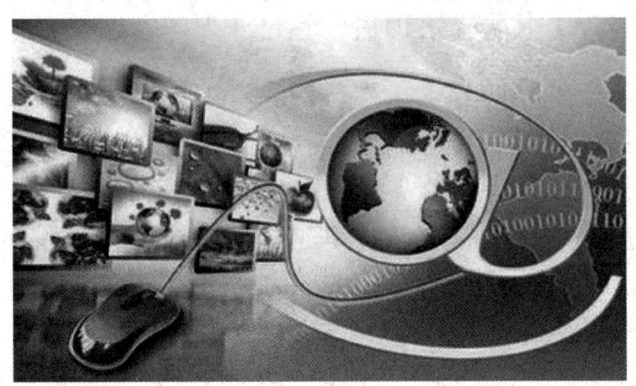

图2-1 "互联网＋"无限可能

"互联网＋"是利用互联网技术赋能传统行业，借助于互联网的理念和运营，为传统行业注入新鲜血液的同时，扩大其自身的应用范围。互联网技术日益发展与完善，逐步显现出了"互联网＋"的特征，如下所述。

一是跨界融合。近几年来，随着互联网技术的普及，跨界已成为公众关注的焦点。互联网的发展使得各行各业通过各种方式逐步发生渗透，促使各行各业刻上了互联网的印记。例如，外出打车时从最初的路边招手拦车，到后来的电话预约车辆，再到如今的滴滴打车等各大网约车平台的涌现，借助于网约车平台的App或小程序就可将乘客与司机联系起来，为乘客与司机双方出行提供了便利，网约车平台的这一做法对出租车行业的商业模式产生了冲击，推动行业寻求变革之道。"互联网＋"的"＋"实际上意味着跨界，敢于跨界，创新就有了更坚实的基础，相互融合，则进一步向群体智能迈进。

二是创新驱动。当前，我国正处在迈向现代化的关键期，时代在不断变迁，经济变革也应紧随其后。回顾工业革命以来二百多年的发展史，人类文明的每一次进步无一不是抓住了创新变革的历史性机遇，谁把握住了创新机遇，谁就向文明前进了一大步。从载人航天飞船的首次成功发射到"蛟龙号"持续深潜，我国的国际形象日益提高，逐步向创新大国转变。当下，资源驱动型的经济增长方式已不适应我国生产力发展的要求，我们应充分利用互联网思维，加大创新力度，使我国的经济发展道路转变到创新驱动发展上来。

三是重塑社会经济结构。互联网技术的应用必然会对社会经济结构产生冲击,进而重新调整社会经济结构。例如,电子商务的发展对我国的商业结构产生了巨大的冲击,其对消费者的消费习惯、消费模式以及商品流通渠道等都产生了重大的影响。同时,随着电子商务和跨境电商的崛起,我国的实体商店或多或少地受到了冲击。"互联网+"与实体经济的融合发展,推进了我国经济相关业态的变革,重塑了我国的社会经济结构。

四是尊重市场、回归人性。无论是管理还是投资,企业经营的每一个环节最终都应回到尊重市场、回归人性的本质。市场作为一双无形的手,对企业的生死存亡、兴衰成败起着决定性的作用。此外,科技进步、经济增长等都离不开人性的光辉,而互联网技术的应用也对人性充分重视,显示其最大程度的尊重。

五是开放生态。技术是不断进步发展的,生态是"互联网+"非常重要的特征,其本身是开放发展的。科学技术是人类的一项伟大的创造性活动,我们要以开放性的、全球性的眼光去看待它,牢牢掌握新兴技术力量,把握时代创新发展的脉搏。

六是连接一切。这是"互联网+"所追求的目标。如图2-2所示,互联网技术的快速普及不仅将各行各业衔接了起来,还将消费者与生产者更加紧密地连接起来,二者可以跨越时空的界限,随时随地进行交易。互联网技术使得连接成为可能,互联网让一切实现数据化,并借助于数据将原来分散的经济形态连接起来,打造了线上线下一体的经济模式,为公众提供了便利。

(二)从"互联网+"到"智能+"

如果说"互联网+"是人人互联的时代,是强调创业与创新的一系列新兴业态的形成过程,那么"智能+"将是万物互联的时代,是强调拓展与规范应用的新兴业态的产业化过程。从"互联网+"到"智能+",并不只是表述上的变化,更深层次的含义是生产和生活方式的升级迭代。

在"互联网+"时代,我们利用各种高科技实现了人与人之间的实时连接,而在"智能+"时代,随着人工智能技术等新兴技术的不断发展,新一代信息技术的应用不仅将人与人连接在一起,还将人与物、物与物连接在一起。由"互联网+"到"智能+"的变化也是技术发展的必然结果。

图 2-2 "互联网+"与传统行业深度融合

"智能+"是"互联网+"的更进一步发展,体现了在数字革命的基础上发展起来的人工智能等技术对社会经济结构的全新赋能。从宏观角度来看,"互联网+"已不能满足现有生产力的要求,其热度正在逐渐退去,作为新兴科技力量的人工智能技术开始散发其独特魅力,逐步成为赋能传统行业的新动力。从微观角度来看,人工智能技术与传统产业的深度融合会冲击现有经济结构,并借助于物联网、大数据、区块链等技术推动产业变革与转型升级,进而促使各行各业的"智能+"应用出现。人工智能、云计算、物联网、区块链等智能技术与工业、农业、服务业各个领域的结合,逐步使我们由人人互联走入更加智能的万物互联时代。

"智能+"与"互联网+"相比最大的特点是使机器设备突破了对人类的依赖,使其不再完全依靠人为操作,实现了机器设备部分或完全的独立运作。"智能+"比"互联网+"具有更多的创新空间和应用前景,其对各行各业的赋能也更加智能化,如图 2-3 所示,"互联网+"打造了一个人人互联的社会,而"智能+"旨在构建一个万物互联的社会。"智能+"既是"互联网+"的继承,又具有本质意义上的突破。由此将"智能+"定义为:借助于人工智能的自我学习能力,在更广范围、更深深度变革代码生产与应用方式,进而改造现有价值创造模式与价值分配网络的过程。①

---

① 贾开.从"互联网+"到"智能+"变革:意义、内涵与治理创新[J].电子政务,2019(5):57-64.

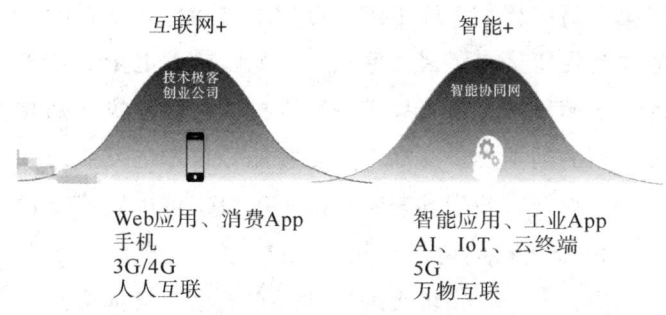

图 2-3 "互联网+"与"智能+"

资料来源：阿里研究院《从连接到赋能："智能+"助力中国经济高质量发展》。

随着人工智能技术的发展及其与我国传统产业的深度融合，人工智能技术已渗透生产和生活的方方面面，我们正在逐步由"互联网+"时代向"智能+"时代迈进。

"智能+"主要有两方面的作用。一是助推产业转型升级。以新闻业为例，众所周知，新闻行业的传统形态是人工写稿，而随着人工智能技术被应用于新闻业中，这种写稿方式发生了变化，其原因主要归结于人工智能技术已经慢慢融入稿件的内容创作中，促成了智能辅助创造系统的诞生，更为贴切的说法则为写稿机器人，如图 2-4 所示。写稿机器人能够快速从海量资讯中提取有用信息，不仅能够根据用户输入的关键线索一键生成初稿，还能够从多方面评判文章的价值。这与传统的新闻写稿模式是截然不同的，创新了新闻行业的形态。

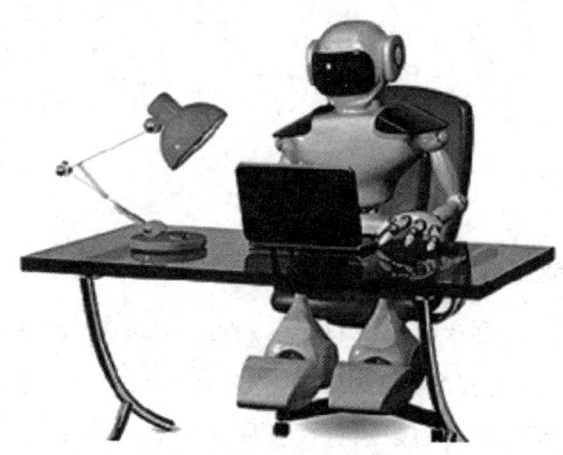

图 2-4 写稿机器人

二是助力居民生活向智慧生活迈进。近年来，众多人工智能产品走进人们的生活，给人们的衣食住行带来了诸多便利。例如，随着电子支付等数字消费的全面普及，人们出门不用携带现金，凭借一部手机就可以解决在购物休闲、家居生活、交通出行等方面的消费支出。随着人工智能等技术与行业的深度融合以及人脸识别技术的应用与普及，我们甚至不借助于手机也可以完成支付，只需在付款时对着支付窗口，短短几秒的时间即可完成支付。无论是"智能＋行业"还是"智能＋产品"，都为人们带来了极大的便利，我们已切身体会到了"智能＋"对生活的巨大影响，它优化了生活方式，提升了生活品质，使我们向美好生活进一步迈进。

1956年，人工智能这一概念首次在历史舞台上公开亮相，其发展历程虽跌宕起伏，但对社会生活产生了巨大冲击，并在近几年成为助推全球全新科技革命的发展浪潮。几十年来，人工智能技术性能的提升以及产业应用的普及最终都全面推动了社会经济形态的演进。

2019年，"智能＋"首次出现在《政府工作报告》中，这既是对智能产业发展成果的肯定与我国经济发展的阶段性总结，又是对未来科技与经济发展的规划。站在历史的风口浪尖上，我们要牢牢把握住这次机遇，最大限度地让"智能＋"发挥其潜力和影响，开启从万物互联到万物智能、从连接到赋能的"智能＋"时代，助推我国经济高质量发展。

二、技术赋能：AI赋能实体经济

（一）人工智能如何赋能实体经济

2018年，在中国企业家未来之星年会暨粤港澳大湾区南沙论坛上，旷视科技总裁付英波说："人工智能是引领新一轮科技革命和产业变革的战略性技术，一些国家已将人工智能上升为国家重大发展战略……站在人工智能这个大赛道上，我们是共同的市场开拓者，可能大家的基因有些区别，但在整个中国人工智能产业的发展上，我希望大家是并肩前行的。"当下，人工智能的应用越来越广泛，其不仅与传统产业结合，还与新兴产业结合，并在结合的过程中赋予这些产业新动能的同时，进一步拓展了一系列"智能+"应用，如智能制造、智能营销、智能零售、智能财务、智能金融、智能决策、智能医疗、智能教育、智能家居。人工智能的发展赋予了实体经济新的活力与动能，助推经济高质量发展，使人们向更加智能的万物互联生活又迈进了一步。

当前的人工智能技术对社会经济和生活产生的影响，相当于前几年的互联网所发挥的作用。人工智能技术是当下新一轮产业变革的核心驱动力，其对实体经济的赋能将对产业变革产生颠覆性的影响，并将释放历次科技革命积蓄的巨大能量，进而辐射到各行各业，为我国实体经济的转型升级赋能。

当前，我们必须加快人工智能与实体经济深度融合，培育壮大人工智能产业，加快构建数字经济和智能经济体系，以应对深化供给侧结构性改革的艰巨任务。在未来，人工智能将在农业、工业、服务业等领域得到广泛应用，其在各行各业的深度赋能与广泛应用将极大地提高公共服务的精准化水平，全面提高人民生活品质。人工智能技术可准确感知、预测基础设施和社会安全运行的重大态势，及时把握群体认知及心理变化，主动决策反应，将显著提高社会治理的能力和水平。随着人工智能成为经济发展的新动能、国际竞争的新焦点，人工智能将加速赋能实体经济，使其与各类传统产业深度融合。智能经济时代的全新产业版图初步显现。如图2-5所示，2018年，我国人工智能赋能实体经济的市场规模达到了251.1亿元，随着人工智能等智能技术与实体经济的融合越来越密切，未来几年，人工智能赋能实体经济的市场规模将有一个大突破，我们预估，这一市场规模将在2021年突破一千亿元大关，达到1 157亿元。此外，人工智能对各行业的赋能所占的市场份额也不尽相同，如图2-6所示，就2018年而言，人工智能在安防行业的应用最广，占整个AI+实体经济市场份额的53.8%，其次是金融行业，其占比达到了15.8%。

人工智能技术为实体经济的赋能主要在农业、工业和服务业三大领域表现出来。

首先，对一个国家来说，农业作为国民经济中的一个重要部门，是支撑国民经济建设与发展的基础产业。随着人民生活水平的显著提高，粮食安全逐步成为当今人们关注的焦点，人工智能技术在农业领域的应用，不仅可以保证充足的粮食供应，也为粮食安全性提供了保障。

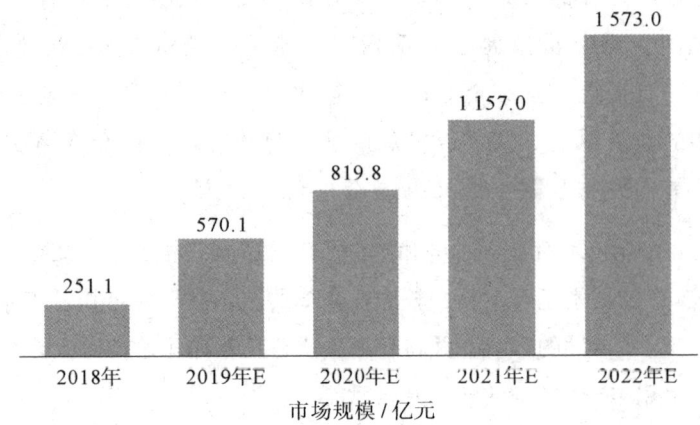

图 2-5　2018—2022 年我国人工智能赋能实体经济市场规模
资料来源：艾瑞咨询。

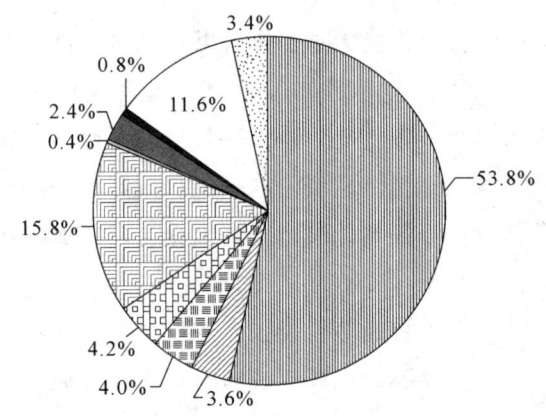

图 2-6　2018 年我国人工智能赋能实体经济各产业份额
资料来源：艾瑞咨询。

其次，工业是国民经济的主导产业，工业决定了一国国民经济现代化的速度、规模和水平，是国家经济自主、政治独立、国防现代化的根本保证。当前，人工智能正在进入工业大生产阶段，人工智能在工业领域的逐步深入与加速赋能推动了产业智能化的发展进程。

最后，众所周知，随着经济发展水平的提高，以金融、银行、证券等为代表的服务业开始崛起，人工智能技术在服务业领域的应用衍生了智能客服机器人、智能服务机器人等各类智能服务与产品，为提高我国国民的生活品质提供了有力的技术支撑。

人工智能技术在农业、工业、服务业三大领域的各大细分应用如下所述。

第一，人工智能在农业领域的应用。智慧生产是发展智慧农业的核心关键，要使我国农业向智慧化转型，就必须准确把握智慧生产这一核心环节。人工智能在农业领域的应用可分为以下三个方面。

一是农机智能化。随着农机作业水平的提高，传统的农业作业方式已经难以适应现代农业生产的需要，而将人工智能技术应用于农业生产中，可以升级农机技术，满足农业现代化发展的要求，推动农业向智慧农业转型，是未来农业发展的大方向。农机的智能化发展为我国农业生产节约了大量的人力、物力。智慧农业的实行与推广，不仅可以提高农业发展的效率，还可以提高农业发展的质量，而将人工智能技术应用于装备农业机械设备是推动智慧农业发展、提高农业发展质量和效益的重要手段。人工智能技术的发展与进步为农业发展提供了技术支撑，为农业向智慧农业转型提供了软件支持。

二是生产管理智慧化。利用智能图像识别技术实现生产智能化管理，不仅可以识别农作物，还可以识别非农作物以及有害病虫，并以此提供有针对性的灭草灭虫方案，实现智能除草、喷药，尽可能为农作物的健康生长提供无害环境，并且能根据农田水分的变化和农作物的生长情况实现智能灌溉，对农作物的生长土壤与生长环境进行监测与分析，最大限度地为作物提供最优生长环境。运用传感器和软件等综合监测系统，农业人员可将农作物生长数据上传到手机等设备的应用中，利用所提供的数据对农作物的生长情况进行全面综合的分析，对农作物的生产进行可视化管理，进而对其生长进行合理有效的全过程控制，以便在发现异常时及时有效地采取应对措施，以保证作物健康生长。在水产养殖方面，基于人工智能技术开发各种可依据水质的不同而做出不同反应的传感器，以实现对水质及各种养殖环境的监测，并通过相应的设备对指标进行分析，以保证养殖环境在可控范围内，实现科学合理的养殖可控化。

三是农作物与畜牧业加工实现智能化。人工智能通过数据收集分析、动植物信息感知、智能识别等技术为农业产品的生产、贮存与销售提供可持续的解决方案。更精准地使用化肥、农药可实现科学种植，有利于减灾、抗灾，改变人们依赖经验的种植行为，并可提高生产加工效率、降低人力成本、弥补农业劳动力缺口。① 将基于人工智能技术研发出来的农业机器人投入农业生产可以大大提高农业生产效率，如图2-7所示，农业机器人正在采摘西红柿。

图 2-7　农业机器人正在采摘西红柿

第二，人工智能在工业领域的应用。正如京山轻机集团董事长李健所言："人工智能在工业领域也是一个很大的应用市场。"在我国，由于工业本身就是一个特殊的、非常庞大的应用市场，因此我国工业具有非常完整的产业链。

近年来，由于人工智能技术的进步以及我国市场的独特魅力，我国的工业自动化以及人工智能在工业领域的应用都取得了突破性进展。在智能经济时代，人工智能技术的应用为工业互联网时代企业转型升级面临的窘境提供了有效的解决方案，加速我国传统工业向工业自动化和智能化深化发展。我国充分利用人工智能技术，打造集专业化服务功能、创新型加速功能、多资源聚合功能、产学研转化功能于一体的产业服务新平台，实现了三个集聚——产业化要素（信息、技术、人才、服务等）集聚，科研要素（机构、人员、成果等）集聚以及行业资源（行业龙头、行业组织、服务链等）集聚。②

人工智能将引领新一轮科技革命和产业变革。当前，我国新一轮科技革命和产业变革是信息化与工业化的深度融合发展，并进一步向工业智能化转变。对已步入后工业化的我国工业发展进程来说，在经济结构急需转型升级的关键时期，人工智能技术引领的新一轮工业革命催生了一系列全新的技术、产业、业态和模

---

① 乔晓楠,郗艳萍.人工智能与现代化经济体系建设[J].经济纵横,2018(6):81-91.
② 韩爱青.智能化产业服务中心将推动中国工业企业转型升级[J].高科技与产业化,2018(11):42-44.

式，我国要牢牢抓住这次历史性机遇，推动我国产业由低端向中高端发展。

以人工智能技术在机器设备中的应用为例，应用人工智能技术制造出的用于生产的智能机器人与传统机器人相比具有更高的工业生产的自动化率，使生产流程变得更具有弹性。例如，在汽车制造业中，使用这种更灵活、学习能力更强、更智能的汽车生产机器人（如图2-8所示），不仅可以在焊接过程中高效地处理不同尺寸和不同外形的车身部件，还可以减少人工干预，进而缩短预编程时间。

图2-8　作业中的汽车生产机器人

与曾经科技创新与人才培育绝大部分依赖国外的情况相比，现在我国把握住了这次产业和科技变革的历史性机遇，形成了完备的产业体系和扎实的工业基础，综合实力已稳居世界前列。加之我国具有得天独厚的市场条件，规模巨大、需求多样的市场特性为我国工业的进一步发展提供了天然优势。我国应充分利用这些优势条件，推动我国工业向智能化发展，实现工业与技术的深度融合。

第三，人工智能在服务业领域的应用。服务业智能化是一个逐步发展起来的现象，从当前人工智能与服务行业的融合来看，"智能＋服务"已经逐步取得了突破性进展，人工智能等新一代信息技术被广泛应用于各服务行业，推动服务业由数字化向智能化方向发展，将服务业的转型升级提升到了新的高度，特别是在金融、零售、医疗、教育等数据密集型行业，新模式、新业态已然崛起。例如，苏宁银行发布集存款、贷款、理财、支付等多种业务功能于一体的借记卡，全面开启了个人金融业务服务；广发银行推出可以向客户提供基金推荐、风险提示、调仓建议、盈亏提醒、市场调研报告等多重功能的充当客户随身投资顾问的智能投资理财平台；刷脸业务以及智能办理业务逐渐走进银行业，为客户办理业务提供了更高效、更便捷的服务。在零售行业，亚马逊等大型企业为了改善其供应链和后勤部门的运营模式,已经开展了对人工智能企业的收购。在诸如法律服务、人力资源管理、翻译、电商等领域出现了人工智能的替代服务,多个岗位受到冲击。① 一些行业的部分岗位已经实现了人工智能机器设备对人工的取代。

"AI+服务"从弱人工智能逐步向强人工智能发展,感知技术的成熟使得基于人工智能技术的智能客服的应用与发展前景可观。聊天机器人在购物平台能够24小时在线,随时响应客户的需求,及时有效地回复客户所提问题,为客户解决了大多数常规性的问题,在为客户提供了更优质的购物体验的同时,也为客服人员节省了大量时间,使客服人员可将这些时间用于为有特殊问题或额外需求的客户提供更具针对性的、个性化的服务。当然,智能客服机器人(如图2-9所示)主要解决的还是一些比较大众化的问题,这些问题一般不涉及具体业务,由人工去回复会耗费大量的时间与资源。而在涉及比较细致的问题时,由于人工智能并不具备解决这方面问题的能力,因此还是得依赖于人工。显然,人工智能的作用是通过自动化来取代人工操作,因此,基于人工智能技术的服务业智能化发展有助于节约人力、物力。

图2-9 智能客服机器人

(二)人工智能赋能实体经济的价值考量

在2019年召开的全国两会中,多位代表、委员发表了对人工智能的看法,认为人工智能是新时代发展的全新动力源泉,通过为实体经济赋能,助推我国经济高质量发展。在政协委员刘伟看来:"新一代人工智能技术对传统产业的渗透广度、深度也是前所未有的。对传统产业而言,新一代人工智能的深入应用,可以培育新增长点,形成新动能。人工智能与实体经济各个领域的融合发展,特别

---

① 徐星颖.服务业智能化发展的模式和趋势[J].竞争情报,2018,14(4):51-57.

是和制造业的深度融合发展,可以为制造业产业转型赋能。"

人工智能与实体经济的深度融合是智能经济时代新兴技术发展的必然趋势。人工智能与我国传统产业的融合发展弥补了我国经济发展动力不足的短板,对推进我国经济高质量发展具有巨大的价值,人工智能技术在实体经济领域的应用可为我们创造更多的经济价值。

一是提高传统产业的劳动生产率,降低人工成本。人工智能技术的应用使得部分岗位被人工智能取代,释放了一部分的劳动力,降低了企业的人力资源投入,进而提高了企业的劳动生产率,节约了人工成本,进一步提高了企业的经济效益。

二是提高传统产业的自主创新能力,推动传统产业转型升级。人工智能技术对消费者的消费习惯产生了潜移默化的影响,对企业来说,消费者消费需求发生变化,企业也应对其发展方向做出相应的调整,以满足消费者的合意需求。

三是深化供给侧结构性改革,助推经济高质量发展。当前,我国经济运行的主要矛盾仍然是供给侧结构性的,而造成重大结构性失衡的主要原因是经济结构和资源配置不合理。将人工智能技术与实体经济深度融合,可以调整我国不合理的经济结构,化解经济发展过程中面临的结构性突出矛盾,进而实现总供给和总需求二者的均衡,推动我国经济由高速向高质发展,实现从量变到质变的飞跃。

四是改变居民的消费方式,提升居民的消费水平。无人超市是人工智能技术在零售领域的一个重大突破,它的出现使得消费者的消费方式发生了变化,消费者在购买完商品之后,无须像在普通超市那样排队结账,可以直接离开。这是因为在无人超市内装备了众多高科技设备,这些设备在人们进入超市时就会通过企业的账号自动与消费者绑定,这些高科技带来的全新体验正在逐步改变消费者的消费方式,进而提升了居民的消费水平。

三、技术催生:AI 催生智能经济

由科技部新一代人工智能发展中心、中国科学技术发展战略研究院主导撰写的《中国新一代人工智能发展报告 2019》于 2019 年 5 月 24 日发布,报告指出,人工智能技术的成熟及应用催生的智能经济将成为我国经济高质量发展的有力支撑。以人工智能、云计算、大数据、物联网、5G等为代表的多种智能技术的不断融合与叠加，为智能经济提供了高经济性、高可用性、高可靠性的技术底座，推动人类社会进入一个全面感知、可靠传输、智能处理、精准决策的万物智能时代。万物智能将催生智能经济，彻底改变人类的生产、生活方式，智能技术的"核聚变"将重新塑造未来的经济发展蓝图，人工智能与实体经济的深度融合带动制造、营销、零售、财务、金融、医疗、教育、家居等一大批传统行业向智能制造、智能营销、智能零售、智能财务、智能金融、智能医疗、智能教育、智能家居转型升级，推动我国经济发展实现产业智能化与智能产业化，进而塑造智能经济雏形，引领智能经济时代。

（一）智能产业化发展脉络

人工智能产业化并不是一个新兴的名词，而是在人工智能发展起来不久后就出现的，贯穿了人工智能六十多年的发展历程，然而在近几年才真正迎来爆发性增长。正如蔡自兴院士所言，人工智能产业化可分为专家系统、以模糊逻辑为代表的产业化、以智能机器人为代表的产业化、新时代人工智能产业化四个阶段。

20世纪50年代至80年代是人工智能技术的萌芽与发展时期，在这一时期，费根鲍姆等人成功开发并应用基于规则的专家系统，逐步掌握了应用搜索、工件识别、显微图片、航天图片分析等技术，促使人工智能技术逐渐具备产业化的应用基础。

20世纪90年代，基于扎德的模糊逻辑发展起来的模糊推理和模糊控制在工业生产过程和家电控制过程中发挥了重大作用，为这些行业的发展提供了新的有效决策、控制与管理手段。这一时期被称为以模糊逻辑为代表的产业化阶段，在此阶段，计算机视觉技术开始运用于工业环境，人工智能技术初步迈入产业化。

2000—2010年，由于工业机器人的饱和及其技术局限性，智能化工业机器人和服务机器人获得全面开发与广泛应用，形成智能机器人产业热潮。此外，人脸识别技术、车牌识别技术、网页机器翻译以及手术机器人的出现大大加快了智能产业化的发展进程，形成了以智能机器人为代表的智能产业化。

2010年以后，人工智能技术在各大传统领域的应用越来越广泛，促使了自动驾驶汽车、客服机器人、智能音箱等一系列智能应用的产生,使得人工智能技术与传统产业深度结合,掀起了以 AlphaGo 国际象棋人机大战事件等为代表的新时代人工智能产业化浪潮,在这一阶段,人工智能产业化应用迎来了爆发性增长。

这四次产业化过程都不断使人工智能技术进一步完善,使人工智能从深度技术革命朝着初级产业革命的方向发展,如图 2-10 所示。当前,我国人工智能行业已进入产业化阶段。

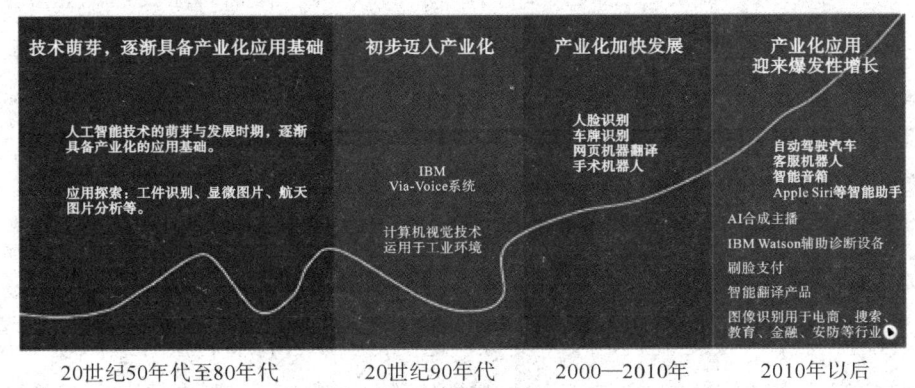

图 2-10 人工智能技术的产业化历程

资料来源:《产业智能化白皮书——人工智能产业化发展地形初现端倪》。

(二)智能产业化发展现状

改革开放以来,我国的经济逐步走上正轨,在这四十多年里,我国经济经历了三次较大的转折。一是在改革开放初期的体制改革,我国经济体制由计划经济转为市场经济,在社会主义市场经济体制下,无论是企业还是个人,都具有开展经济活动的独立性和平等性,经济活动实现了市场化,促使经济朝着更好的方向发展。二是在前几年,房地产行业和互联网的崛起为社会经济发展注入了新的活力,互联网红利为我国经济创造了大量的产业财富。三是近几年来,人工智能、大数据等智能技术与各大产业的深度融合与发展催生了各种行业新业态,技术的赋能使得我国进入了改革开放以来的第三个造富阶段——技术造富。正所谓科学技术是第一生产力,谁掌握了关键核心技术,谁就在国际竞争中处于有利地位,在技术造富阶段,人们高度重视技术力量,人工智能技术在这一时期大放异彩。

此外，人工智能正在给所有的产品和产业全新赋能，当前，人工智能产业化出现了以下几个发展现象。

一是近年来，为了贯彻落实人工智能产业化发展机遇，抢占人工智能创新高地，加快建设创新型国家和世界科技强国，各国竞相出台了一系列国家发展战略，以助力人工智能走出实验室，迈向产业化，进而紧紧依靠科技创新提高国家的竞争力。加之各大互联网巨头纷纷投入研究人工智能技术，人工智能在企业中的应用越来越广泛，发展机遇一片大好，不仅众多科技公司布局人工智能，一大批初创公司也纷纷加入人工智能技术的研发行列，涉及人工智能技术的企业数量越来越多，人工智能产业化初步形成了一定的规模。近年来，全球人工智能企业数量增长飞快，我国人工智能产业2014年的市场规模为48.6亿元，2016年则增长至95.6亿元，2017年达到152亿元，其增长率高达40.25%，增幅保持平稳快速增长。

二是人工智能与大数据、物联网等智能技术的结合推动人工智能进一步向前发展，促使智能化由感知智能向认知智能的更高层次发展，多种智能技术的结合使得智能产业化有了更先进的技术支持，也使得推动各行业转型升级的动力有了更强的技术支撑。同时，在政策红利的驱动下，我国人工智能技术备受资本青睐，投融资环境空前看好，我国在人工智能产业的投融资规模仅次于美欧，我国2017年投融资总量达到18.3亿美元，占全球投融资总额的16.9%，且投融资总量逐年上升。

三是虽然人工智能产业前景可观，但是由于该项技术无论是在全球还是在国内，均处于政府、企业大量初步投入研究的阶段，因此，掌握人工智能技术的人才各国均少之又少，高端的人工智能人才更是各国激烈争夺的对象。当前，全球人工智能人才普遍供不应求，高端人工智能人才更是屈指可数，我国的人工智能人才供给相对于其需求仍存在巨大的缺口。培养人才对保证智能产业化的持续发展以及我国新一代人工智能产业的全面发展具有重要价值。

四是随着人工智能技术逐步实现智能化，其替代的工作岗位越来越多，不禁引发了人们对人工智能技术更深层次的思考。我们知道，任何一种新兴技术的出现在推动社会进步的同时，都或多或少会引起人们的担忧与恐慌。对于人工智能技术，人们会担心其是否会超过人类智能，进而威胁人类的地位和生命甚至主宰人类。此外，随着具有简单思维与情感的高级人工智能的出现，人们担心其会触及社会法律权威以及伦理道德问题。因此，政府与社会各界应密切关注人工智能社会和伦理道德问题，并提前布局好应对措施。

(三) 智能产业化战略举措

人工智能核心技术的全面突破助力人工智能产业升级。数据、算法、算力的共同发展驱动人工智能进一步发展，促使人工智能显现产业化，要更好地助力智能产业化，应贯彻落实以下几点。

一要加快突破智能核心技术，高度聚焦智能产业多元化。我们要狠抓人工智能核心技术，突破智能技术发展瓶颈，牢牢抓住人工智能发展契机，合理利用智能技术来促进商业模式的全面升级。人工智能作为一种智能技术将辐射各行各业，并推动传统行业实现跨越式发展，实现全行业的转型升级与重塑。人工智能各核心技术的加速突破促进了人工智能产业的强劲发展。当前，人工智能与各大产业深度融合，随着智能制造、智能营销、智能零售、智能财务、智能金融、智能医疗、智能教育、智能家居等产业的兴起，智能产业化的应用场景由一元转变为多元。

二要强化项目引领，催生产业新业态。我们要发挥各产业的优势，把握重点，统筹布局产业项目和基地建设，高效有力地打造涵盖从人工智能核心技术到智能应用的完备产业链和高端产业群，以人工智能理论和应用重大项目为抓手，强化研发攻关基础上的产品应用和产业培育，强化创新链和产业链的深度融合。全面引导智能产业化发展，循序渐进，有序建立起包括智能制造、智能营销等在内的人工智能创新应用产业群，催生产业新业态，助力形成新型经济形态。

三要落实政策措施，加快人才培育。我们要强化政策引领，贯彻落实制度、财政、人才等方面的政策措施，在各个产业形成互联互动、高效协同、充分共享、高度开放的人工智能产业化平台，构建支持人工智能产业全方位发展的良好环境。此外，人才是实现民族复兴、赢得国际竞争主动的第一生产力，我们要加快各个层次的人工智能人才培育，多模式、多渠道加快培养高素质人工智能人才，高层少而精、中层实而强、底层多而壮，一个也不能少，以解决人工智能人才供不应求的困局。①

总之，人工智能技术与各个产业的加速融合大大提高了人们的生产和生活效率，深刻影响了人们的生活，催生了智能经济，塑造了智能经济的发展雏形。当前人工智能产业发展显现出了场景化、融合化的新特点，我们要发挥人工智能产业化所具有的起点高、规模大、质量优的巨大优势，加大人工智能与实体经济的渗透力度，使得智能产业化和产业智能化稳健发展，高效培育经济发展新业态。

---

① 蒋阳.着力推进新一代人工智能产业化[J].群众,2017(19):41-42.

第三章

异军突起：智能经济的崛起与影响

基本概念：智能经济的定义和特征
技术支撑：智能经济的迅速崛起
未来已来：智能经济的未来趋势

当前，全球正处于新一轮科技革命和产业变革的风口浪尖，人工智能等智能技术成为驱动创新与转型的重要技术力量，智能化的大变革浪潮汹涌袭来。在智能技术的赋能下，各行各业纷纷踏上了变革之路，经济格局正由数字经济时代迈入智能经济时代，对人们的生产生活产生了颠覆性的影响。

一、基本概念：智能经济的定义和特征

依托5G技术、人工智能、物联网、区块链、云计算等智能技术发展起来的智能经济，是知识经济和信息经济融合的产物，是实体经济转型升级的方向，是数字经济的下一站，是人类文明进步的重要标志，将重塑世界经济发展的格局。正如阿里研究院发布的《解构与重组：开启智能经济》报告中所言："智能经济是新市场经济的革命性力量，是供给侧改革的重要抓手，推动我国经济高质量、可持续发展。"智能经济的发展将带来新一轮的科技革命和产业变革，使世界经济发生解构和重组，让我们的生活越来越智能化。

近年来，5G技术、人工智能、物联网、区块链、云计算等智能技术已成为助推我国经济转型升级的技术支撑，国家高度重视人工智能等智能技术对实体经济的赋能作用，相继出台了一系列政策措施推动我国人工智能应用的落地实施。

人工智能技术与实体经济的深度融合给生产、生活带来了巨大影响，人们越来越关注智能经济。智能经济成为人们热议的话题，已成为新一代信息技术创新最活跃、应用场景最广泛、产业爆发力最强、辐射影响最广的经济领域，是引领未来全球经济发展的新焦点。[①]

目前，关于智能经济的概念还没有一个统一的定义，但综合多方的观点，可以把其归结为：智能经济是以大数据、互联网、物联网、云计算、区块链等新一代信息技术为基础，以人工智能技术为支撑，以智能产业化和产业智能化为核心，以经济和产业各领域为应用对象的新型经济发展形态，是在虚实融合时空中自适应地满足人们深层次需求的各类相关经济活动的总称，是使用数据＋算法＋算力的决策机制去应对不确定性的一种新型经济发展形态。也就是说，人工智能技术为智能经济的发展提供了关键技术支持，物联网、云计算则充当了智能经济发展的技术底座，海量且精准的大数据为智能经济提供了又好又快发展的沃土。[②]

智能经济并不是凭空出现的经济形态，而是信息经济和知识经济结合的产

---

① 何雄伟.智能经济：开启"智能＋"新时代[N].江西日报,2019-06-24(10).
② 王哲.人工智能产业发展将塑造智能经济雏形[J].中国工业和信息化,2019(4):48-54.

物，是人类文明的一大进步。智能经济把物理设备、计算机网络和人脑智慧连接在一起，把人脑智慧赋予计算机软件系统，把指令通过计算机网络下达给物理设备并使其完成指定操作，最大限度地发挥了这三者的优势，三者缺一不可，缺乏其一都将影响智能经济的发展进程。

智能经济是建立在信息经济与知识经济的基础上的，但又与它们有明显的区别。智能经济依赖知识和信息网络，是衔接知识经济和信息经济的新兴经济形态，是数字经济的下一站。与其他经济形态相比，智能经济主要呈现出以下特征。

第一，智能是智能经济时代的一个显著特征，数据和知识是影响经济增长的关键因素。由于电子计算机的发明，电子化的数据应运而生，且随着电子计算机的逐步发展和完善，数据的处理也趋向于更多地借助于高新科技力量，世界经济进入数字经济时代。互联网的应用与发展扩大了数据的流动范围，促使了一大批诸如滴滴打车、共享单车等产业模式的兴起，数据和知识的经济价值得以被开发和利用。人工智能等智能技术的发展对世界经济形态造成了强烈的冲击，引发了大规模的产业变革和经济结构的转型升级，人们对数据和知识的使用从信息交换进入了开发利用阶段，大数据的经济价值进一步被挖掘，人工智能是智能经济的核心驱动力，数据是智能经济的关键核心要素。依托智能技术而转型升级产生的一大批智能产业能够智能感知多样化的经济形态并自适应地做出相应的调整，人工智能技术与大数据的结合使得数字经济朝着智能化的方向发展，使其迈向智能经济的更高级的阶段。

第二，人机协同成为主流生产和服务方式。顾名思义，人机协同就是人类与机器设备之间和谐协作的体现。由于人工智能与实体经济的融合发展，大量智能机器设备取代了从事烦琐、重复性工作的传统从业人员，使得人们从繁重的体力劳动中解放出来，转而从事技术含量更高的脑力劳动，在提高了人们的工作舒适度的同时，也提高了人们的工作效率和工作质量，实现了双赢。随着感知技术的成熟，人机关系由人机交互进一步发展为人机协同，体现了在智能经济的发展过程中，人与智能机器的相互依存、相辅相成、和谐共生的关系。ABB首款实现人机协同的双臂机器人如图3-1所示。智能机器设备的出现给各行各业造成了强烈的冲击，以会计行业为例，人工智能技术在会计行业内的应用产生了财务机器人，财务机器人会替代传统会计中的手工记账这种大量重复、烦琐、技术含量低的工作，会对传统会计人员产生极大的冲击。

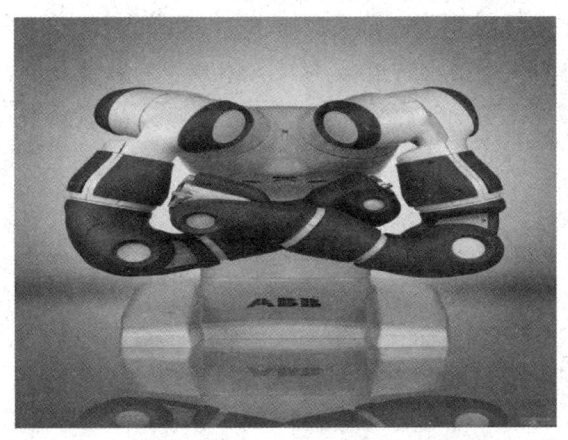

图 3-1 ABB 首款实现人机协同的双臂机器人

2016 年,德勤推出了财务机器人,将其应用于会计、税务、审计等工作中。低端的会计工作将被机器设备取代,未来财务人员的工作重心主要集中在税务、审计、会计等的稽核以及财务管理分析这些技术含量高的工作上。未来的财务会计工作不仅包括人工作业,更多的是财务人员与智能财务设备人机结合地作业,会计工作将更加自动化、智能化以及业财一体化融合。从事烦琐工作的会计人员将在人机协同下得到解放,不仅可以得到更加舒适的工作体验,还可以大大提高工作效率和工作质量。人工智能技术的辐射范围不局限于会计行业,其对零售、营销、金融、医疗、教育、家居等行业也会产生影响,人机协同同样会对这些行业的人员造成一定程度的冲击,低级人员将被人工智能取代,高级人员也必须不断提升自己的专业知识素养,才能在未来与人,甚至与机器设备的竞争中立于不败之地。同时,这种人机协同模式将覆盖从决策到运营、从生产到服务的经济活动全链条,成为未来智能经济中一个重要的特征。

第三,跨界融合是智能经济发展的必然结果。当前,人工智能技术凭借其强大的渗透力,对各行各业都造成了或大或小的影响。智能技术与实体经济的碰撞擦出新旧交替的火花,新思维与传统观念的激烈碰撞推动产业的升级与进步。纵观历史,每一次时代的变迁都是在技术力量的驱动下发生的新旧思维的碰撞,无论是发生于 19 世纪蒸汽革命时期的机器取代工人,还是发生于 20 世纪电气革命时期的内燃机车取代马车,或是发生于 21 世纪信息革命时代的互联网技术对各行各业产生的颠覆性影响,技术力量的每一次应用与赋能都重塑了经济社会生活的形态。

在智能经济的发展过程中,人工智能技术与各个行业、各种要素的摩擦碰撞,都会经过彼此的优化推动智能技术与实体经济的融合发展,加快各行各业的转型升级。以物流行业为例,在人工智能等智能技术的驱动下,一方面,由于消费者需求结构的升级以及物流流通方式的转变,行业出现了众多细分的市场,如冷链园区、快递园区、电商园区等专业细分的物流园区,企业集团化趋势逐步显现出来;另一方面,由于众多的企业聚集在一起会产生聚集效应,企业联盟、产业合作等成为物流行业的发展趋势,行业内的企业不再以单一公司的形式存在,而逐渐被企业集群取代,行业内跨界融合的现象与日俱增。

第四,共创分享成为智能经济生态的基本特征。随着互联网时代的到来,共创分享的模式已经开启,随着技术的进步与赋能日益深入人们的生活,智能经济的产生更加深化了这一模式。共创分享体现了智能经济发展过程中各种要素之间的合理配置,只有合理配置资源要素,才能使资源要素在经济活动中流动性最大化,最大限度地挖掘智能经济的价值。当今时代,传统的个人独立作业已难以满足社会经济发展的需要,人们开始追求不同个体之间智力的分享与协同,众创、众包、众服成为组织经济活动的基本方式。以智能穿戴为例,随着各项智能技术对穿戴行业的赋能,人们对穿戴的需求不局限于传统的基本功能,更加注重更高级的功能,如对机体健康的监测等,智能穿戴设备能够记录佩戴之人每天的行进步数、心率、燃烧的热量和睡眠情况等。随着可穿戴设备的进一步升级与完善,其对机体监测的功能也日益完备。

第五,个性化需求与定制成为新的消费潮流。当前,经济发展达到了一定的高度,人们不再满足于物质需求,而更多地追求精神需求。人们在消费时会更倾向于选择能够给自己带来最佳消费体验的产品和服务,因此,无论是在营销环节还是在消费环节,差别化的、个性化的、定制性的产品和服务都更容易赢得消费者的青睐,因为其更大程度地满足了消费者的合意需求。因此,个性化定制会成为智能经济中基本的产品提供模式。[1] 以家居业为例,当前市场上各种家居产品层出不穷,且各类房屋的装修风格大多大同小异,消费者难以在众多的产品中找到合意的产品。同时,随着消费结构的升级,消费者个性化、定制性的需求也随之增加。为了最大限度地满足消费者的需求,众多商家纷纷推出以个性化和定制

---

[1] 李修全.从五个方面看未来智能经济的发展特征[EB/OL].(2017-12-14)[2019-08-30]. https://www.iyiou.com/p/62192.html.

性为理念的全屋定制和智能家居相结合的全屋定制家居模式,并逐渐赢得了消费者的青睐。

当然,人工智能技术深刻改变了人们的生产和生活,是经济结构步入智能化的关键核心技术,塑造了智能经济的雏形。从传统的专业分工到人机协同,建设智能经济是构建新经济形态的时代新思维。我们要综合运用及合理使用各种智能技术,发挥智能时代新思维,从而推动人类从工业社会步入智能社会。

二、技术支撑:智能经济的迅速崛起

(一)技术支撑:引领智能经济

5G、大数据、人工智能物联网(AIoT)等智能技术对实体经济的赋能,为我国进入智能经济时代提供了坚实的技术支撑,加速释放出我国经济转型升级过程积蓄的强大发展活力。5G具有三大典型应用场景:增强移动宽带(eMBB)、超高可靠低时延通信(uRLLC)、海量大连接(mMTC)。然而,5G要想为智能经济发展赋能,仅靠这些是远远不够的,还应与垂直行业深度融合,这样才能更好地为经济赋能。例如,传统医疗面临着看病难的问题,不仅是医护人员短缺,更重要的是医疗资源分布不均匀,先进的医疗设备、专业的医护人员等医疗资源多集中在沿海发达城市,而内陆偏远山区由于地理条件、经济发展水平等的局限性,先进的医疗设备和专业的医护人员都比较匮乏。5G的商用有效地为偏远山区缓解了这一难题,5G远程手术借助于5G的低时延、大宽带,以及其特有的切片技术,使医疗手术突破了空间距离的限制,解决了患者因本地医疗资源匮乏而不得不异地就医的难题,专业的医生可借助于5G技术远端操纵机械臂,对远距离的患者进行微创手术。

随着新一代信息技术的应用,我们足不出户就可以获取来自世界各地的信息,我们的眼球每天都被海量的数据充斥着,数据与我们的生活日益密不可分,人类进入大数据时代。大数据可分为结构化数据、半结构化数据和非结构化数据三大类,其中,结构化数据主要通过关系型数据库进行存储和管理,简而言之就是数据库,如企业资源计划系统(ERP系统)、财务系统、教育一卡通等;半结构化数据是结构化数据的一种形式,其字段数目没有明确的范围,可以根据需要自行扩展,常见的半结构化数据格式有 XML 和 JSON;非结构化数据无法用数字或统一的结构进行表示,包括所有格式的文本、图片、音频等,相较于结构化数据而言,非结构化数据更难让计算机理解。当前,5G、AIoT 等智能技术对各行各业的赋能都是依据各个系统所提供的大数据进行的。以制造业为例,在新一轮工业革命和市场竞争加剧的背景下,客户越来越追求产品高质量、生产柔性化、品种更新快的生产制造,同时,随着网络信息平台的搭建,制造业企业努力高效配置和科学整合生产要素,未来的制造业将朝着数字化、智能化方向发展,智能制造将成为制造业发展的新常态,其中,数据的整合分析与使用是实现智能制造的关键。在制造业从自动化、信息化时代进入数字化、智能化时代的过程中,大数据是制造业提高核心能力、整合产业链、实现从要素驱动向创新驱动转型的有力手段。①

所谓 AIoT,指的是"AI+IoT",正如德国汉堡科学院院士张建伟教授在 2019 世界计算机大会上所言:"人工智能和机器人这种单点技术创造不了价值,只有将它们与应用深度融合在一起,才能实现未来颠覆性的技术创新。"我们要将人工智能与物联网(IoT)结合起来,不能将二者孤立开来。物联网的产业链已相对成熟,与人工智能结合有助于物联网更加完善其产业结构。我们知道,人工智能技术具有六十余年的发展历史,然而其发展历程却是磕磕绊绊的,一直面临着技术难度大和落地难等问题,直到近几年才在技术层面上有了突破性进展,人工智能应用完全实施落地有了一定的可能性。人工智能尚处于初步应用阶段,人工智能与物联网的结合是人工智能行业发展所必需的。

(二)迅速崛起的智能经济

世界银行发布的全球 GDP 总量排行榜显示,2015 年全球 GDP 总量为 74 万亿美元,到 2018 年全球 GDP 总量达 85.79 万亿美元,在短短的三年内,全球 GDP 总量增长了 11.79 万亿美元,增长率高达 15.93%。如图 3-2 所示,国家统计局公布的数据显示,从新中国成立至今,我国 GDP 在 1993 年之前一直保持平稳增长,而在 1993—1998 年以较快的速度增长,并在 1998 年首次突破万亿美

---

① 马微,惠宁.数据赋能制造业企业创新驱动发展研究新进展[J].宝鸡文理学院学报(社会科学版),2019,39(4):84-92.

元,而2015年突破10万亿美元,我国用了漫长的38年突破万亿美元大关,而仅用了10年就使得GDP由2005年的2万亿美元增长到2015年的10万亿美元。此外,2018年我国的经济总量创历史新高,高达13.6万亿美元,按平均汇率折算,我国经济总量首次突破90万亿元人民币大关,GDP总量稳居全球第二,成为世界第二大经济体,仅次于美国。

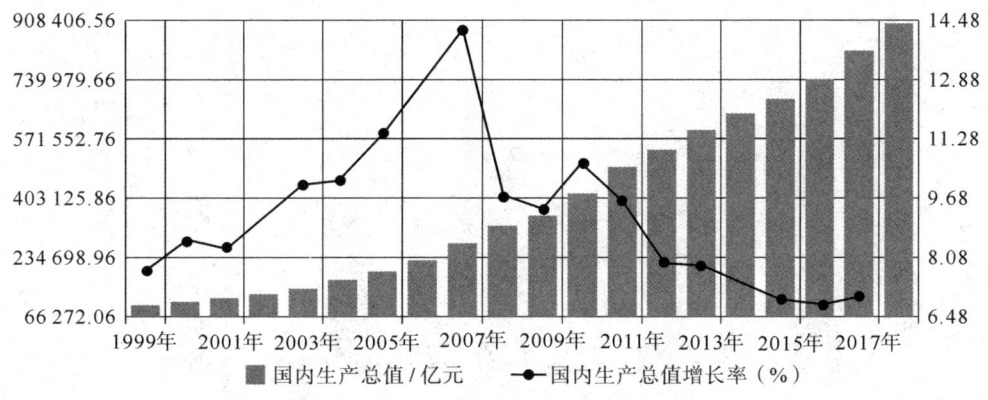

图 3-2 我国历年国内生产总值及其增长率

资料来源:国家统计局。

我们不难发现,近年来,世界经济总量增长飞快。以我国为例,四十多年的改革开放使我国经济逐步走上了市场化的道路,市场经济最大限度地调用了各种可利用的资源要素,在市场机制的作用下,通过成本、价格等手段充分激发了企业和个人的生产积极性,逐步使我国经济实现量的飞增和质的飞跃。我国经济总量突破90万亿元人民币关口,不仅是一种量的扩张,更重要的是经济结构的变化,而人工智能、大数据等智能技术的发展与应用在其中起着至关重要的作用。我国由互联网经济进入数字经济,进而孕育了智能经济的发展雏形。我国进入"智能+"时代,以人工智能技术、5G技术等为代表的智能技术的强势崛起与叠加发展,通过赋能实体经济使我国的经济结构发生了巨大的变化。那么,是什么推动了我国智能经济的迅速崛起呢?

一是农业、工业、服务业三大产业结构发生极大的调整。新中国成立以来,第一产业比重明显下降,第二产业比重稳步提高,第三产业比重增长较慢。随着改革开放的不断深入以及智能技术的应用,我国的产业结构发生了很大的变化。从总体上看,第一产业在GDP中所占的比重呈持续下降趋势,由1998年的18.6%下降为2017年的10%;第二产业比重先降后升,由1978年的47.87%下降到1990年的41.34%，而后逐步上升，总体增长保持平稳趋势，近几年略有下降；第三产业前期保持平稳趋势，后期逐步上升，由1978年的23.94%上升到2014年的48.11%，甚至在2013年超过了第一、第二产业的比重。近年来，第三产业呈现出强劲的发展势头，已成为经济增长的主要方向，如图3-3所示。

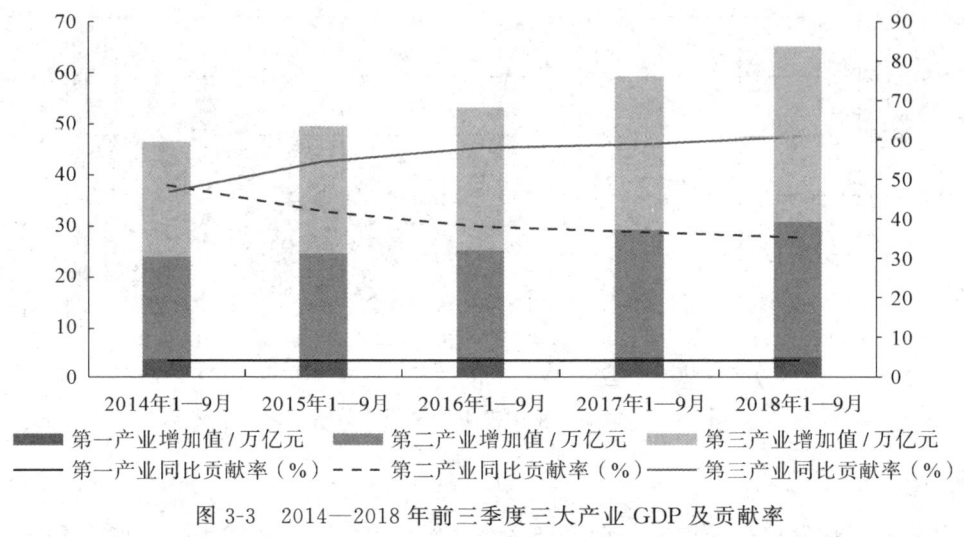

图3-3 2014—2018年前三季度三大产业GDP及贡献率

资料来源：国家统计局。

二是具有明显的产业升级趋势。一直以来，"中国制造"给人留下廉价、低端的印象，近年来国际竞争的加剧以及各国贸易政策的改变对"中国制造"产生了强烈的冲击，迫使我国经济进行产业转型升级以提高产品的国际竞争力和提升"中国制造"的国际形象。先进的智能技术赋能传统产业，促使传统产业向智能化转型升级，大幅度提升产业生产效率，提升产业价值链条，催生了智能零售、智能营销等由传统产业转型升级的新兴智能产业。此外，由于我国具有大量高素质的劳动力和良好的技术基础，在芯片、汽车零部件等高度复杂的制造领域以发展本国制造替代国外进口，促进新旧动能转换，推动行业整体转型升级。

三是人们的消费支出和消费需求的变化成为经济发展的主动力。国家统计局公布的2018年社会消费品零售总额数据显示，2018年我国社会消费品零售总额突破38万亿元，同比增长率达9%，大大超过了6.6%的经济增长速度。此外，我国消费者服务性消费的比重也持续上升。消费品零售总额对我国国内生产总值增长的贡献率高达76.2%，同比增长率为18.6%，进一步巩固了消费作为经济增长的主动力作用。智能技术的应用与发展使得人们接触的东西更加多元化,不断提升了人们的认知能力,当前已有的信息资讯已不能满足人们追求新事物的需求。人们生活水平的提高导致了消费需求的变化,人们不再满足于生理需求和安全需求,而追求更高层次的精神需求、尊重需求和自我实现需求,人们的消费需求由单一转向多元化,消费者的消费结构也发生了升级。

四是政府的大力支持为智能经济的崛起提供了政策红利。多份政府工作报告强调科学技术是第一生产力,创新是引领发展的第一动力,要提高我国的国际竞争力,就必须抢占智能技术创新高地,大力发展智能经济。随着中央对推动智能经济发展的一系列政策不断出炉,各级政府部门与企事业单位对人工智能产业以及智能经济的发展日益重视,政府政策的护航为我国智能经济的快速崛起提供了广阔的发展空间。

三、未来已来:智能经济的未来趋势

当前,人工智能、大数据等智能技术的发展与应用为世界经济发展注入了新动力,世界正处于大发展、大变革、大调整的浪潮之中,世界经济格局进入数字经济的下一站,也就是智能经济时代。智能经济颠覆了现有的生产和生活方式,成为世界各国关注和热议的焦点,是新市场经济的革命性力量,是供给侧结构性改革的重要抓手,推动我国经济高质量、可持续发展。智能经

图 3-4　碳基文明到硅基文明

济是世界各国共同面临的历史性机遇,具有广阔的发展空间,对技术、产业、组织、分工都将产生由数字化迈进智能化的深远影响。如图 3-4 所示,由碳基文明过渡到硅基文明,不仅将驱动产业的创新发展,还将改善生产和生活的质量。

计算机网络在过去二十多年的迅速崛起与发展孕育了智能商业的发展雏形,随着智能技术群落的核聚变及其对实体经济的赋能,在未来十年,智能商业将进入大规模的全面爆发阶段,使得智能经济的规模更大、范围更广、影响力更深远。我国要借着全球迈进智能经济时代的"东风",提前布局,合理规划,在新

一轮的国际竞争中赢得优势地位。在未来，智能经济会呈现出以下特点。

第一，新的经济运行操作系统。从IT时代到"互联网＋"时代，再到"智能＋"时代，在世界经济格局不断升级演变的过程中，技术的进步与发展起着至关重要的作用。"智能＋"不是"互联网＋"的简单升级，与"互联网＋"相比，"智能＋"所依赖的关键核心技术不同，"智能＋"是多种新兴技术力量的融合，多种技术的汇集与融合应用加速了智能技术的核聚变，推动了"智能＋"时代的到来。以云计算、大数据、物联网、人工智能、5G为代表的新一代信息技术，在不断的融合、叠加、迭代中，为智能经济提供了高经济性、高可用性、高可靠性的智能技术底座，推动人类社会进入一个全面感知、可靠传输、智能处理、精准决策的万物智能时代。

新一代智能技术在经济发展中的运用推动了商业模式的创新，以零售业为例，智能技术的应用使得零售市场满足了大众全面性、灵活性、个性化的消费，为消费者提供最优质的服务，使得消费者足不出户就可以感受全新的消费体验，促进了消费者消费模式的转变。数据流动的自动化实现了资源的优化配置，人工智能、大数据等智能技术的核聚变正在重塑经济系统，促进新的经济运行操作系统的实现。

第二，新的产业结构。科技的进步与发展会催生新兴的产业，形成新产品、新工艺，促进原有产业部门资源要素的更新与换代，进而推动原有产业部门转型升级。一方面，以人工智能等为代表的新兴智能技术的进步与发展会创造出新的产业，形成原来没有的产业部门和生产部门，如技术开发岗等。智能技术的应用还会对原有产业部门进行改造，提高其硬件与软件基础设施，促进原有产业部门升级，一大批传统行业在与智能技术的融合中不断转型升级，向智能化方向发展。例如，在财务部门中应用智能技术会使得凭证编制这种简单重复的会计实务可借助于计算机网络实现自动化处理。另一方面，智能技术的应用会使原有的产业部门得到改造，会形成新产品、新工艺、新能源，使得产业结构发生变革，一大批新兴智能产业及其服务应运而生，传统产业逐步实现智能化。

第三，新的组织形态。进入智能经济时代以来，世界经济格局发生了巨大的变化，组织形态也在不断发生变化，智能组织将成为未来组织的发展方向。智能组织将呈现出全新的组织形态。一是组织规模的小微化，由于范围经济的作用，企业的外部协作成本的下降速度会高于内部协作成本的，因此，企业规模会持续缩小，表现为企业内部裂变为多个小前端，如海尔的自主经营体。二是组织结构的"云端化"，在企业的组织结构中存在着一种提供共有服务的"云"，其能够帮助用户随时随地获取所需数据，在提供此服务的同时还存在一个能够给用户提供二次开发接口的运行平台。组织结构的云端化有助于接口的统一和获取知识的便利性。三是组织运行的"液态化"与边界的开放化，固化的组织运行会加大跨部门协同的难度，减弱个人的协作意愿，使得部门的创新与运行效率低下，而液态化的组织运行会模糊部门内部与外部的边界，实现劳动力、资金等资源要素的自由流动与组合，同时，资源要素的自由流动与组合会使得组织边界呈现出融合交汇的格局，企业组织边界逐步开放化。四是人机协同的"常态化"，智能技术日益融入我们生产、生活的方方面面，对我们的工作、生活产生了巨大的影响，人机协同使得机器帮助人类更快更好地决策，人机协同将越来越成为主流的组织形态。

第四，新的经济准则与文化习惯。我国经济由"互联网+"迈入"智能+"时代，消费结构升级，经济结构优化与转型升级，无论是消费者对产品和服务的需求，还是生产者对生产要素的需求，都发生了相应的变化。对消费者而言，个性化与定制性的产品和服务成为其主流消费需求；对生产者而言，其更加追求弹性化、生态化的生产方式。此外，智能技术的赋能塑造了新的商业模式，未来的商业活动不会全部集中在同一个中心。例如，以往唱歌要去KTV，KTV就是唱歌的活动中心，而如今由于经济的进步，各大商场、校园周边等出现了诸多迷你K房、自助唱歌机，人们逐渐摆脱KTV这个中心，去中心化趋势日益明显。此外，不同的时代有不同的价值元素，正如互联网时代以开放、分享、透明、责任为价值考量，智能经济时代也有自己独特的价值元素，并且这些价值元素将随着各项智能产品的应用逐步深入人们的生活，与公众的价值判断体系日益融合。随着商业智能最佳实践的大量涌现，全社会各类组织和个体都已经被动卷入或主动学习它们所包含的"最佳行事方式"，因此，少数人的新知很快就会变成全社会多数人都熟知并自觉遵从的常识。

智能经济呈现出的全新的未来样貌将缓解原有市场经济中的瓶颈问题，我们要全面、实时、准确地把握智能经济发展动向，将海量且混乱的信息转化为商机，精准匹配市场用户的供给与需求，创造新的需求，改造新的供给，释放出智能经济时代的发展红利，深化供给侧结构性改革，推动我国经济又好又快发展。

第二部分
生产自动,消费无忧

第四章

智能制造：解放人的双手

行业桎梏：制造业的现状与困局
科技赋能：挖掘制造业的价值
独特路径：迈向智能制造之路
价值考量：智能制造的经济价值

习近平总书记指出，实体经济是一国经济的立身之本、财富之源，先进制造业是实体经济的一个关键。面对激烈的国际竞争和发展的需求，世界各国积极采取一系列战略措施重振制造业，我国制造业的传统发展模式已不适应新的市场需求，为了更好地实现"两个一百年奋斗目标"，推动我国制造业快速发展和释放新一轮发展红利，我们要使人工智能等智能技术与制造业融合，以智能制造为突破口，推动我国由制造业大国向制造业强国转变。为了更好地发展我国的智能制造产业，我们必须了解制造业的发展现状与困境、人工智能技术对于制造业发展的意义、人工智能技术与制造业深度融合，以及智能制造环境下所面临的发展机遇与挑战。

一、行业桎梏：制造业的现状与困局

制造业作为我国实体经济和国民经济的主体，是立国之本、兴国之器、强国之基。自 2015 年大力推进信息化和工业化两化融合和发布《中国制造 2025》规划以来，我国制造业取得了可喜的成绩，但依旧存在着许多短板。在严峻的国际环境和迫切推进产业结构调整的双重压力下，我国制造业的产业链受到了强烈冲击。为了应对在人才质量、自主研发能力、产品附加值、能源消耗以及品牌价值等方面存在的诸多问题，我国制造业应贯彻落实"中国制造 2025"战略纲领，加大力度推进人工智能等智能技术与制造业融合，提升综合实力，实现由制造业大国到制造业强国、由中国制造到中国智造、由中国速度到中国质量的转变，促进中国品牌在国际市场上的竞争力大大提高，为我国制造业的转型升级与繁荣发展奠定坚实的基础。

（一）我国制造业的发展现状

实体经济是我国国民经济的主体，制造业起着主要支撑作用。众所周知，制造业不仅是国家综合实力和国际竞争力的物质技术基础，还是我国供给侧结构性改革的重要领域，发展制造业是大势所趋。纵观世界近三百年的工业化历程，制造业始终处于经济发展的核心地位，是大国崛起的根基，彰显着综合国力；是科技创新的载体，代表着供给效率；是物质财富的基础，关系着人民福祉。同时，制造业是国际经贸关系的"压舱石"，是促进国家间经济合作、人员往来、共同发展的桥梁纽带。[①] 当前，我国制造业的发展现状如下所述。

第一，制造业增长速度放缓。如图 4-1 所示，国家统计局公布的数据显示，2004—2016 年我国制造业产值呈逐年上升，但是其增速波动幅度较大。2004—2007 年制造业产值增速逐年上升，2007—2009 年产值增速下降，后逐渐上升回转，在 2012 年又转而下降并趋于平稳趋势，2013 年至今，我国制造业产值增速

---

① 卢卫生.新中国成立 70 年来我国制造业发展取得举世瞩目的巨大成就[J].资源再生,2019(8):17-19,21.

维持在7%左右。2016年我国制造业总产值为22.35万亿元，较2015年同比增长了6.80%，连续4年保持7%左右的增长速度。从图4-1中可以发现，2005—2012年的增长速度变化较大，2013—2016年的增长速度远低于2005—2012年16%的复合增速。2017年我国制造业产值为24.2万亿元，占GDP的29.32%，同比增长8.2%。综合以上分析数据，我们不难看出，近年来我国制造业增长速度放缓，并在近两年有逐步回升趋势。

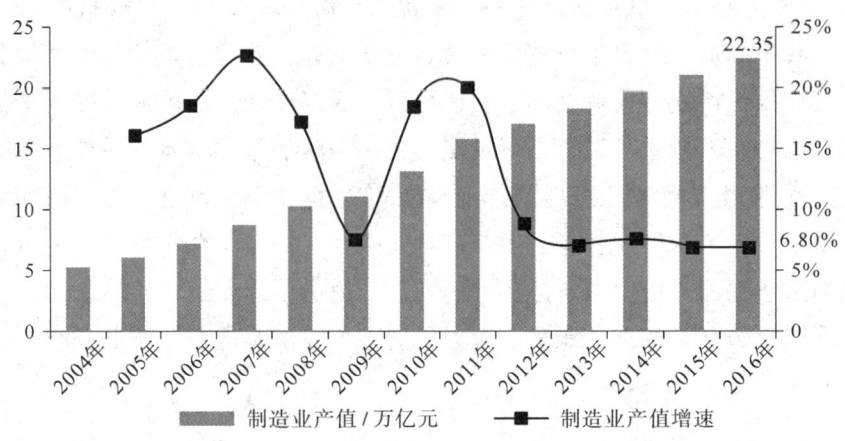

图4-1 我国制造业历年产值及增速

资料来源：前瞻产业研究院。

第二，制造业投资增速减缓后小幅加快，出现企稳信号。如图4-2所示，2015年制造业投资总额为18万亿元，同比增长8.1%。制造业固定资产投资额由2011年的10万亿元上升到2015年的18万亿元，但投资增速却由2011年的31.80%下降到2015年的8.1%，投资增速呈下降趋势。国家统计局公布的数据显示，我国制造业2019年1—7月固定资产投资总额为34万亿元，同比增长5.7%，其中，制造业投资增长3.3%，较1—6月上升了0.3个百分点，连续3个月略有小幅上升。值得关注的是，高技术产业投资有较快增长，高技术制造业和高技术服务业投资同比分别增长11.1%和11.9%，其增速分别快于全部投资增速5.4和6.2个百分点。[①] 近年来，我国制造业投资增速有小幅加快的趋势，呈现出弱企稳的态势。

第三，制造业朝着智能化方向发展，智能制造是制造业价值捕捉和创造的新

---

① 赵奚.中国制造业发展现状及问题研究[J].现代交际,2018(14):44-46.

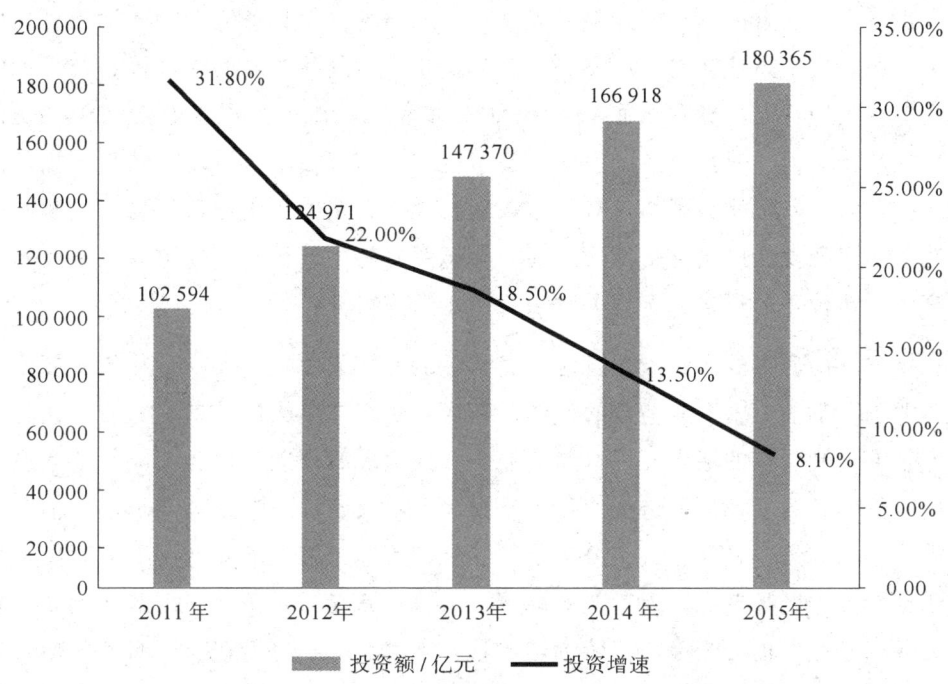

图 4-2 2011—2015 年我国制造业固定资产投资额及增速

路径。面对新一轮科技革命和产业变革，我国制造业产业结构发生了新一轮的调整，传统产业链正发生裂变与重组，朝着智能化的方向发展。大量的企业借助于智能技术来提高自身供应链的运行效率，以满足产业转型和升级的需要。随着智能技术的发展与应用，我国的制造业产业涉及的领域由轻工、纺织等传统产业部门逐步向重大装备、消费类及高新技术类产业等高新科技部门进军，并在这些高新技术类产业中产生了一批水平可与发达国家媲美的具有较强质量竞争力的领先型企业，促使我国中高技术产品在制造部门中的比重不断提高，扭转了我国高新技术类产品依赖进口的局面，我国不再处于全球价值链的低端装配环节，我国由进口国转变为具有产品质量保证与创新能力的出口国。

互联网平台企业为制造企业提供了全链条服务，这将带动制造业价值链重构、增值转换与催生新业态，从而可使制造企业获得更大的利润和发展空间，将有助于我国经济结构转型升级，智能经济变成制造企业开展新业务的重要渠道。

（二）我国制造业的发展短板及应对措施

第一，各产业发展极度不平衡。当前，我国的技术基础不够完善，虽然低端技术设备在国际上占据一席之地，但高端技术设备仍不具备完善的研发条件，限制了中国制造由高速转向高质发展。例如，我国对某些产业的关键核心技术的掌握尚存在欠缺，研发该领域的技术条件不够成熟，在很大程度上受制于发达国家，在精密仪器、航空设备、医疗设备、过程机械等技术含量较高的高附加值产品上，我国的研发能力不够，对外依赖程度大，大多依赖于进口。为了缓解我国制造业各产业发展极度不平衡的局面，我们要完善生产设备，以政府政策倾斜助力高端制造设备的研发，实现关键核心技术自主可控。

第二，高质量的研发人才匮乏。高质量的专业人才对于某一行业的发展是至关重要的，当前，中国制造业的专业创新人员仍存在巨大的缺口。一方面，随着智能技术与制造业的融合发展，制造业企业的发展必须配备具有高端综合素质的人才，然而，当前我国制造业产业人员大多并不具备综合的专业知识，总体上综合能力偏弱。另一方面，具有自主创新能力和工匠精神的人才缺乏，我国要从中国制造迈向中国智造，进入产业链高端，人才创新能力是基础。制造业创新人才缺失导致制造业仍处于模仿多于创造阶段，与智能制造差距甚远。[①] 为了培育更多高质量的人才，我们在进行教育与就业引导的同时，要加强人才的引进。进行教育与就业引导有助于提高就业与所学专业的匹配度，实现精准就业，而加强人才引进不仅可以缓解当前面临的高质量人才匮乏难题，还可以借助于国外人才为我国培育本土的高质顶尖人才。

第三，生产的产品多为低附加值产品，高附加值产品较少。产品产业链涉及产品的研发设计、生产制造、销售服务等环节，是一条各个环节相互衔接的长链。如图4-3所示，制造业的附加值呈"微笑曲线"，这是全球制造业普遍存在的现象，即处于产业链上游和下游的企业，利润空间大，产品的附加值高，这一区域的企业能够获得丰厚的利润，盈利模式的持续性较强，处于产业链中游的企业利润空间最小，产品附加值最低，这一区域的企业利润较低，且产品的技术含量较低，以致企业的进入门槛较低，企业之间的竞争激烈，各企业生产的产品较相似，替代性较强，进而导致各企业的产品价格差异不大，利润空间有限。在全球制造业的产业链上，发达国家承接了价值链高端的技术和销售环节，以及处于价值链上游的产品研发设计环节，而处于价值链中游，即"微笑曲线"中间区域的生产制造环节则由我国负责，这就使得劳动密集型、高能耗、低附加值、以生

---

① 赵奕. 中国制造业发展现状及问题研究[J]. 现代交际，2018(14): 44-46.

态环境为代价是我国制造业的特征。因此，我们要打破我国制造业经济发展恶性循环，提高制造业附加值，摆脱处于价值链低端的困境，就要积极推进向知识、人力和技术资本密集程度高的高端环节发展。

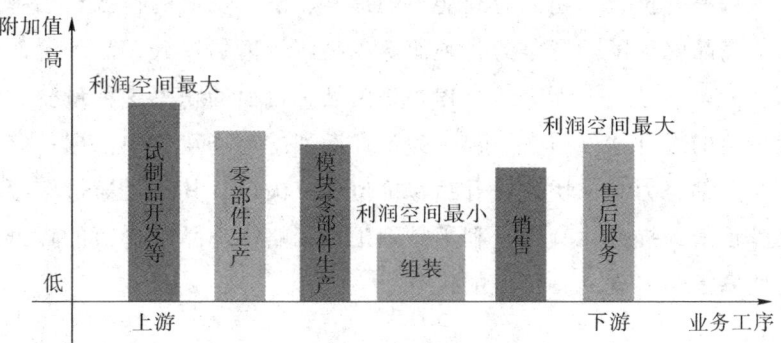

图4-3 制造业微笑曲线

资料来源：《智能制造——引领新一轮制造业革命（产业链篇）》。

第四，制造业在生产过程中不合理的能源消耗。一国的能源消耗可以在一定程度上反映出一国的经济发展速度。十年前，我国人均能源消耗总量仅是美国的五分之一，且这一消耗量低于许多发达国家。如今，我国的能源消耗总量已经位居世界前列，从一个侧面反映出在短短的十年内，我国的经济发展速度有了较大幅度的增长。然而，能源消耗总量的快速增长伴随着一系列的环保问题，我国在节能减排和能源结构优化方面面临着巨大的压力。国家统计局公布的数据显示，2018年我国能源消耗总量高达4 638百万吨标准煤，相较于2017年的4 485百万吨标准煤略有增长，而2018年能源生产总量为3 770百万吨标准煤，虽然与2017年的3 585百万吨标准煤相比有所增长，但是近几年的能源生产总量不足以支撑国民的能源消耗总量。

第五，中国制造业缺乏中国制造品牌，中国制造品牌价值有待提升。我国制造业的综合实力和国际竞争力可在一定程度上由制造业品牌排行榜反映，2018年发布的"全球最具价值100大品牌"和"BrandZ全球最具价值品牌100强"两份报告显示，中国制造品牌上榜数量少之又少，其中，我国在前者上榜的企业只有华为一家，而在"BrandZ全球最具价值品牌100强"中我国仅有15个品牌上榜。此外，上榜企业的类型主要集中在银行、科技、保险等领域，我国企业最具价值品牌的上榜数量和发达国家之间仍存在一定程度的差距。品牌价值作为品牌管理要素的关键核心部分，是品牌区别于同类竞争品牌的重要标志。一个企业的品牌价值与其市场竞争力是紧密联系的,品牌的市场占有率和品牌盈利能力是决定品牌价值的两大主要因素。面对中国品牌价值低下的发展困境,我们需要寻求提高中国制造品牌价值的最优路径,通过品牌差异化价值的提高、市场占有率的扩大、超额盈利能力的提升、潜在价值的挖掘、品牌定位的创新等方式提高品牌的国际竞争力,进而实现品牌价值的提升。品牌价值的提升不是一蹴而就的,而是一个渐进过程,是由品牌价值的积累这种量变过程逐渐发展为品牌价值的提升这种质变过程。为了在激烈的市场竞争中占据一定的市场份额,众多企业都努力寻求快速提升品牌价值的突破口:其一是通过资源整合最大化实现品牌价值的提升;其二是利用品牌延伸策略实现品牌价值的提升;其三是采取渠道堵塞策略实现品牌价值的提升。

二、科技赋能:挖掘制造业的价值

当前,我国制造业存在产业结构严重失衡、高端人才匮乏、产品附加值低等问题,为了给我国制造业现阶段面临的一系列难题寻求化解办法,2019年3月《政府工作报告》指出,我们要深化大数据、人工智能等研发应用,打造工业互联网平台,拓展"智能+",为制造业转型升级赋能。互联网、大数据、人工智能、区块链等智能技术过去二十多年的爆发性发展推动了算力和算法的巨大进步,同时,数字化发展为我国传统制造业带来了海量的数据,算法、算力以及海量的数据的日益融合与发展使得我国传统制造业突破了发展局限,防范化解了制造业发展面临的重大危机,推动了传统制造业转型升级,引发了制造业工具革命和决策革命两大变革,逐步形成了基于人工智能技术的以"数据+算力+算法"为核心的智能制造体系。

(一)人工智能技术如何赋能制造业

现阶段,我国制造业发展面临瓶颈,人工智能等相关智能技术的应用与发展为我国传统制造业转型升级提供了新的发展契机。随着制造业中应用人工智能技术的场景越来越多,人工智能技术日益融入我们的生产和生活,逐步成为生产活动中一种全新的投入要素。为了提高我国制造业在国际市场上的竞争力，人工智能技术从产品研发、生产制造、用户服务三个角度为传统制造业升级为智能制造赋能。

第一，产品研发方面。我们知道，消费者只有在对某种产品存在偏好时，才会有购买意愿，从而产生消费需求。而企业是追求利润最大化的，如果供不应求，企业就会加大投入；如果供过于求，企业则会减少投入。企业在生产过程中希望产品供给量能够与消费者的需求量相匹配，达到均衡状态，那么，在产品研发过程中，首先需要明确研发什么样的产品才能满足消费者的需求。借助于人工智能技术，企业可以对消费者的现有需求进行数据分析，以收集到的消费者对各类产品和服务的偏好指导企业生产，甚至可以预测未来某一领域、某一产品即将爆发的新品种，进而研发新产品。借助于智能决策，企业提高了产品质量和生产效率，在降低了人工成本的同时，进一步降低了企业的生产成本。此外，把人工智能技术嵌入产品研发过程中，能够使产品开发的软件设计平台更加理解设计师的需求，从而研发出与预期相同的产品。

第二，生产制造方面。生产制造过程是单一的、机械性的，企业在生产过程中需要对机器设备的诸多参数进行设置，把人工智能技术融入生产制造过程中可以增强机器的自主生产能力，使得机器摆脱对人力的依赖，使其在更多复杂的环节中实现自主生产，从而提高生产效率。人工智能技术在生产制造环节中的应用包括以下四个方面。

一是智能产品。把智能因素加入产品设计中，可以使生产的产品更智能，例如，将人工智能技术应用在照明灯中，可使照明灯根据周围环境明暗的变化自动调节亮度，从而提高产品的竞争力。

二是智能优化工艺。人工智能在生产制造方面的应用主要通过机器学习建立模型，识别各制造环节内外部参数对最终产品质量的影响，再通过动态调节和改进生产过程中的参数，最终找到最佳的生产工艺参数。① 优化生产工艺可节约成本，进而可提高企业的效益，例如，中策橡胶企业利用人工智能调整炼胶中的工艺参数，使得炼胶合格率大幅提升，最高提升了5%左右。

三是智能质检。将深度学习的机器视觉识别技术应用于产品生产过程可实现对产品质量进行快速扫描，进而实现质检效率的提高。传统质检方式依赖人工操

---

① 杨家荣.人工智能与制造业融合的现状及思考[J].上海电气技术,2019,12(2):1-5,15.

作,受外界影响较大,不仅不同的质检人对产品质检的结果会存在差异,同一质检人也会由于质检时间、光线、疲劳程度等的不同而影响质检标准的执行。此外,如果对产品采取全检,人工成本太高,因此传统的质检方式多采取抽检。机器视觉识别技术的应用弥补了上述缺陷,不仅使得质检标准统一,还能够实现对产品的全检。例如,华星光电采用人工智能技术进行产品质检,节约了大量的人工和质检时间,并且将准确率提高到90%以上。

四是智能维修。在设备检修时进行机器故障预测可确保及时对机器设备进行检修以免因故障造成损失,从而维持机器设备的正常寿命,增加系统正常运行时间。当前,美国西门子、惠普均有采用该技术,且准确率可达85%以上。如图4-4所示,基于人工智能技术研发出来的智能机器设备正在对车间机器进行日常维护与维修。

图4-4 借助于人工智能技术进行机器维护

第三,用户服务方面。借助于深度学习的机器学习模型,可深度分析用户的购买习惯和产品的属性,进而形成全面的知识图谱,以此为用户提供个性化的产品和服务,同时为销售商提供相关的生产和营销建议。人工智能技术在用户服务方面的应用涉及用户反馈和舆论监测两个方面。从用户反馈的角度来看,设计者对某种产品进行改进是以用户反馈为基础的。而通过自然语言处理进行收集、分析与汇总的用户反馈,可以为企业进行产品改进提供合理有效的建议,为制造企业提供更精准的增值服务,进而为客户提供更好的产品体验。从舆论监测的角度来看,产品推出市场以后,如果某个舆论事件影响了公司产品的销售,给公司造成了负面影响,则为了使公司的损失降到最低,需要密切关注全网动态,对涉及公司产品和品牌的舆论事件尽早采取公关措施,以对公司的产品和品牌进行保护。

第四,产品供需管理方面。在社会经济发展过程中,供给侧与需求侧都是不可或缺的组成部分,供需两侧的协同管理将助力未来经济的稳定发展。人工智能技术在产品供需管理方面的应用,能够使企业借助于人工智能技术对产品数据进行实时跟踪和自我学习,在海量数据中挖掘出企业所需内容,借助于工业互联网将指令传达给产品价值链中的各个环节,进而实现产品供需关系的精准匹配,达到优化产品供需管理的目的。例如,江苏汇博机器人为某大客户提供机器人和MES生产管理系统(如图4-5所示),对生产环节实施了全方位智能化升级。MES生产管理系统可以实时响应客户订单,基于客户需求自动配置生产设备和功能参数,并在人工智能的协同下完成组装和测试。最终,企业通过需求与生产的无缝衔接,不仅提升了产品质量,也缩短了产品交付周期。①

图4-5 离散制造业中的MES生产管理系统的应用

(二)人工智能技术赋能制造业的价值

近年来,人工智能技术在制造业中的应用越来越广泛,已成为制造业不可或缺的一部分,对制造业产生了深刻的影响。

第一,人工智能技术的应用可对制造业的产业结构进行优化。当前,在全球经济格局深度调整的环境下,产业领域之间的竞争异常激烈,推动产业结构优化升级是提高国家经济综合竞争力的关键举措,我们要占据人工智能技术这个关键制高点。一方面,人工智能技术的应用可对传统产业进行改造和升级。例如,制

---

① 薛加玉.人工智能赋能制造业转型升级[J].现代工业经济和信息化,2019,9(3):9-10,16.

造业中某些传统的机器设备会被人工智能技术取代，这些被取代的机器设备的零部件产业如果不进行创新改造，则会减少市场需求，使得市场萎缩甚至消失。另一方面，人工智能技术的应用有助于培育新兴产业，短期内通过为传统产业提供一些新的功能，逐步替代传统产业中旧的功能，最终实现对产品和产业架构的重新定义。例如，人工智能技术对汽车行业的赋能催生了无人驾驶技术，无人驾驶的应用将逐渐取代传统汽车，此后，将引发以汽车为核心的商业生态系统的变革，将重新定义交通系统、交通法规以及汽车的销售和使用方式。许多新兴技术随着在产业中的应用的广化和深化，最终会演化为新兴的产业，并逐步形成新的产业体系。

第二，人工智能技术将提高制造业的生产效率，以机器替代人力劳动，实现自动化。一方面，在制造业生产过程中，一些传统的机器设备将被人工智能取代，使用更智能化的机器设备和更多的智能机器人参与生产，智能化的机器设备可通过精准、高效的生产提高工厂和车间的作业效率，大幅降低人工投入，同时提高生产过程的安全性。当前，一些国家已出现了24小时持续运转不停工的无人工厂。另一方面，随着人们生活水平的提高，消费者显现出多样化的需求，且差异越来越大，借助于人工智能对市场趋势进行预测分析，对消费者的合意需求进行挖掘，可使生产由标准化向柔性化转变，在产业链上合理安排生产，促进供给与需求的匹配，进而提高供需匹配效率。

第三，人工智能的发展将重塑制造业的国际分工格局。制造业是全球产业分工的主体，制造业部门具有较长的产业价值链，前后的关联性也较大。人工智能技术的应用将改变全球制造业的价值链，进而形成全新的国际分工体系，通过重塑价值链对传统制造业的国际分工产生颠覆性的影响。一方面，从价值链上的生产环节来看，人工智能在传统价值链的基础上增加了新的环节，这一环节占据了价值链的创新高地，成为价值链上新的制高点，为了强化本国制造业在全球分工中的主导地位，这一制高点成为各国纷纷争夺的对象。另一方面，从制造业价值链演变的趋势来看，人工智能使得传统价值链的形态发生了变化，表现为基于简单劳动的加工制造环节的份额不断降低，而研发、设计、服务等依赖高级生产要素的非直接制造环节显现出远高于加工制造环节的附加值和价值创造能力，在制造业价值链中的份额不断提高。

由于不同行业特性不同，人工智能技术对不同行业所产生的影响也不尽相同。对服装、家电等劳动密集型行业而言，人工智能技术对其的赋能作用使得一些底层从业人员被人工智能取代，企业更多地引进智能设备从事技术含量低的工作，减少了底层从业人员的用工数量。同时，人工智能自身所具有的高效率、高精确度等优点促使企业生产的产品和服务的质量得到了提高。对生物医药、精密仪器等技术创新驱动型行业而言，人工智能技术提高了行业在数据挖掘和数据分析方面的效率，这将颠覆传统的技术研发模式。

（三）人工智能与制造业融合的难点

从国内以及全球的当前发展概况来看，人工智能技术的应用场景大多集中于商业领域，而在制造领域的应用场景落地实施的相对较少，因受专用性的限制和数据量规模的约束，人工智能与制造业的融合场景主要在非制造的研发、营销和售后服务环节。[①] 我国制造业在实现了网络化与数字化之后，逐步向智能化过渡，在这一过程中，"人工智能＋制造"的应用虽已有部分实现了落地，但是在数据、资金、人才、技术等方向仍存在较大的局限性，有待进一步的改进与完善。

制造业各大环节中的数据难以获取。由于制造业行业内部的特性，制造环节本身所涉及的数据相对于消费等其他环节的数据获取的难度更大，其通用性和可开发性也明显弱于其他环节的数据。此外，制造业涉及的环节过多，每个环节都会产生大量的数据，而制造业内部缺乏统一的平台对数据进行关联与整合，这容易导致供产销各个环节之间的运作分离，无法达到三者之间的协同工作。目前，大多数传统企业对制造数据的统计多为传统的看板和报表，最终输出的数据难以直观地反映制造过程的实时状态，而且手工操作的数据统计难以与生产系统和管理系统同步，使得制造业的数据在分析和可视化处理方面有所欠缺，对深度挖掘大数据的价值造成了一定的困难。此外，大数据是人工智能技术与制造业深度融合发展的基础，如果不能将制造业审计的生产、质检、管理等各个环节的数据整合在一起，则会削弱数据的价值，难以发挥大数据本身所具有的巨大价值潜力。

制造业融资难度大，资金规模和资金渠道有待进一步挖掘。资金链对于企业可持续发展的作用是不言而喻的。由于工业互联网具有资金投入巨大、建设周期长、见效相对较慢、风险难以准确预估等特点，资本市场多数仍持观望态度，在我国经济发展进入新常态的背景下，发展工业互联网"雷声大雨点小"的现象客

[①] 邓洲.促进人工智能与制造业深度融合发展的难点及政策建议[J].经济纵横,2018(8):41-49.

观存在。① 近年来，虽然国家加大了对两化融合的投入资金的支持，但是模具业、动力电池业等制造行业仍出现了大面积的资金链问题，制造企业资金链断裂的事件频繁发生。仅在2018年因资金链断裂导致公司存在巨额负债甚至不得不停产的企业就有多家是处于制造行业内领先地位的企业。例如，深圳沃特玛在动力电池的生产中是处于行业领先地位的制造企业，而在2018年5月，由于资金链的断裂，该企业不得不宣布停产。

掌握人工智能核心技术的复合型人才匮乏。复合型人才严重缺乏不仅是我国人工智能与制造业在融合过程中存在的问题，也是全球普遍存在的问题。当前，人工智能等智能技术对制造业的赋能作用加速了制造业向高质量发展转型，而掌握核心技术的高素质人才匮乏，我国制造业人才队伍的数量和质量都难以适应传统制造业向智能制造转型升级的高质量发展要求，同时掌握制造技术和信息技术的复合型人才更是少之又少。

关键核心技术存在缺陷。当前，大而不强、关键核心技术仍然缺乏是我国制造业存在的通病。我们知道，谁掌握了关键核心技术，谁就能在激烈的国际竞争中赢得先机。正如工业和信息化部党委书记、部长苗圩所言，加强核心技术攻关不仅是产业转型升级的必由之路，还是新旧动能转换的重要抓手，只有实现关键核心技术自主可控才能够从根本上保障国家的经济安全、国防安全和其他安全，因此，各国纷纷围绕关键领域核心技术展开布局，以期占据关键核心技术制高点。虽然我国已成为制造大国，但是由于各种因素制约着我国核心技术的创新突破，我国由制造业大国转变为制造业强国还存在一定的差距。此外，我国在关键核心技术方面的积累仍存在较大的缺口，这严重制约了我国制造业的转型升级。制约我国核心技术创新突破的因素主要包括基础研究支撑不够、关键共性技术供给不足、产学研用协同创新不到位、创新人才的制约日益突出这四个方面。在基础研究支撑方面，基础研究对于推动制造业的发展起着基础性的作用，我国虽加大了对基础研究的投入，但是基础研究仍存在较明显的短板，在企业基础研究意愿低、投入少、能力弱的背景下，我们应建立健全基础研究支撑体系，鼓励企业加大对基础研究的投入与研发。在关键共性技术供给方面，关键核心技术关乎一个国家、一个企业的竞争力，是否掌握关键核心技术对国家、行业发展前景的影

---

① 王岩，朱祎兰，赵鹏，等."智能＋"赋能制造业转型升级的路径及挑战[J].信息通信技术与政策，2019(6):64-66.

响是巨大的，为了使我国制造业在世界上处于行业前列，我们要建立健全多元化的制造业创新体系，以应对组织机构不健全、经费投入少等发展局限性。在产学研用方面，目前，我国制造业在产学研用方面的研究多集中在理论部分，产学研用创新协同和深度融合力度还不够大，科研院和各大高校的产学研方面的创新成果多停留在论文、专利阶段，学术界对基础研究较为重视，而商业化研究意识较为薄弱，产学研方面的研究成果并没有转化为现实的生产力，导致了技术与应用的脱节，因此，为了使大量创新成果由理论转化为现实，我们必须建立健全产业创新生态体系。在创新人才方面，我国人口众多，劳动力资源充足，有着丰富的人才队伍，但是高端人才仍存在较大缺口，为了缓解人才匮乏给制造业的提质增效升级带来巨大的人才研发费用，应建立健全制造业人才培养体系，为填补制造业人才缺口提供有力支撑。

三、独特路径：迈向智能制造之路

近十年来，移动互联网的普及与应用带来了追求个性化的新消费时代。经济生产活动紧紧围绕消费者，最大限度地满足消费者的需求，以消费者的需求作为商品生产和服务的参考，促使消费结构、消费渠道、消费需求、消费理念发生了重大变化，进而不同的消费阶层和群体应运而生。此外，消费者追求个性化、定制需求的刺激打破了生产者和消费者之间的传统产业链关系，供给端的厂商面临着更高品质的要求，制造厂商不得不向智能化方向发展，以应对消费者消费方式的改变。智能制造契合了消费者的合意需求，消费互联网带动产业智能化升级是我国经济智能化升级的独特路径。

如图4-6所示，工业革命经历了由机械化到电气化，到自动化，再到如今的智能化四个阶段。相较于前三个阶段，在智能化阶段企业的生产模式、管理理念、发展战略等均发生了较大调整，由原来的大规模生产转变为如今的大规模定制，将大规模生产和个性化定制融合在一起，通过差异化战略，快速响应客户的需求，进而为客户提供个性化和多样化的产品和服务。

在生产模式方面，对传统的制造业而言，工厂车间内集中了大量的工人在从事体力劳动，这是传统制造业的一个典型现象。随着人工智能技术在制造领域的

图 4-6　工业革命发展历程

应用，无人工厂开始走入现实并逐渐成为制造业的一种全新的生产模式。在管理理念方面，大多数制造业转型升级的过程经历了自动化、信息化、数字化、智能化四个发展阶段，在不同的阶段，企业所采用的管理理念有所不同，例如，处在智能化时代的制造企业将企业管理的侧重点落在精益管理上。在发展战略方面，制造企业以智能制造为行业发展的主攻方向，致力于实现制造的数字化、网络化、智能化。

当前，传统制造业面临着来自市场、资源与环境、成本方面的三大压力，只限于生产过程的传统的智能制造体系难以缓解这三大压力。随着智能技术的核聚变及其在制造领域的不断深入，智能制造不再局限于生产过程，其被赋予了新的内涵，业务范围扩展到企业的全部活动。我国工业和信息化部将智能制造定义为基于新一代信息技术，贯穿设计、生产、管理、服务等制造活动的各个环节，具有信息深度自感知、智慧优化自决策、精准控制自执行等功能的先进制造过程、系统与模式的总称。智能制造具有以智能工厂为载体、以关键制造环节智能化为核心、以端到端数据流为基础、以网络互联为支撑等特征，实现智能制造可以缩短产品研制周期、降低资源能源消耗、降低运营成本、提高生产效率、提升产品质量。①

智能制造作为一种生产条件和技术环境，提升了制造业升级的条件并促成了结构的积极变化，带来了从传统工具转换为智能工具的工具革命，以及从经验决策到"数据＋算法"决策的决策革命。其中，工具革命从使用能量转换工具到使用智能工具，以自动化提高工作效率；而决策革命涉及需求、研发、管理、生产、服务各个环节，以智能化提高决策的科学性、精准性。以"数据＋算力＋算法"为核心技术体系的智能制造是大规模的人机协同，不仅包含自动化技术和数字化技术，还借助于人工智能技术使得企业的生产经营活动具有与分析数据、优化配置、升级能力等相关的智能行为。

习近平总书记在党的十九大报告中指出，要加快建设制造强国，加快发展

---

① 工业和信息化部，财政部.智能制造发展规划(2016—2020 年)[R].工信部联规〔2016〕349 号.

先进制造业，继续做好信息化和工业化深度融合这篇大文章，推进智能制造，推动制造业加速向数字化、网络化、智能化发展。智能制造是新一代智能技术与先进制造技术的深度融合，为我国制造业创新转型升级提供了新的历史机遇。如图 4-7 所示，我国智能制造的演进经历了数字化制造（第一代智能制造）、数字化网络化制造（第二代智能制造）、数字化网络化智能化制造（第三代智能制造）这三个基本范式。

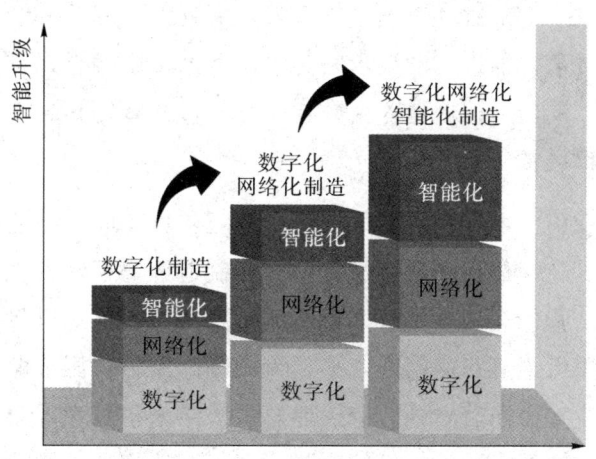

图 4-7　智能制造的演进发展

资料来源：《智能制造——引领新一轮制造业革命（产业链篇）》。

数字化制造作为智能制造的第一个基本范式，融合了数字化技术和制造技术，将二者结合起来以快速生产出满足用户要求的产品，其内涵是以设计、管理与控制为中心的数字化制造。数字化网络化制造也称"互联网＋制造"，是智能制造的第二个基本范式，第二代智能制造在产品的研发与设计等方面实现了协同与共享，在制造系统方面实现了全链条连通，重塑了制造业的价值链，在产品服务方面转变了制造模式，由以产品为中心转变为以用户为中心。数字化网络化智能化制造也称新一代智能制造，是智能制造的第三个基本范式，新一代智能制造将人工智能技术和先进制造业技术深度融合，依托互联网、云计算、大数据、人工智能、物联网等新一代智能技术群，给制造业的设计、制造、服务等各个环节带来了革命性的变化，各种新产品、新技术、新业态、新模式应运而生，极大地冲击了社会的生产方式和服务模式，深刻影响了人类的生活方式和思维模式。新一代智能制造给制造业带来了根本性的变革，是制造业转型升级的核心驱动力。

从智能制造演进发展的三个基本范式来看，我国智能制造的发展呈阶段性和融合性的特点，三个基本范式沿时间脉络逐一展开，既是相关技术发展到一定阶段和产业的结合，各有其所在阶段的特点，又都面临着所在阶段需要重点解决的问题，体现着先进信息技术与制造技术融合发展的阶段性特征。在发展过程中，三个基本范式在技术上并不是割裂的，而是相互交织、迭代升级，通过技术融合相互促进发展，体现着智能制造发展的融合性特征。[1] 我国应发挥后发优势，在技术层面采取三个基本范式并行推进、融合发展的发展战略，利用人工智能、大数据等先进智能技术，推进智能技术与制造产业的深度融合，贯彻中国制造坚持创新引领的理念，实现中国制造业由数字化进一步向智能化转变，加快制造业由中国制造向中国智造转变的步伐。

智能制造是一项内容复杂且庞大的系统工程，国家间、企业间的纵向与横向的深入融合发展以及制造业高质量转型为智能制造开辟了新的发展空间，做好产业生态体系建设是我们深入推进智能制造的重要抓手。面对世界新一轮科技发展的机遇，我们要深入推进智能制造，必须深刻理解制造强国战略。党的十八大以来，虽然我国工业实力显著增强，制造业总量多年来稳居世界第一，但仍面临着制造业低端过剩、高端不足的供给侧现状，智能制造连通了制造业的产业链条和创新链条，为我国向制造业强国迈进提供了发展路径。我们要建立健全基础设施建设，构建行业标准体系，建设行业智能服务平台，加强人才培育与培养，打造智能制造专业化队伍，与世界各国共享我国制造业高质量发展机遇，携手谱写全球智能制造发展新篇章。

四、价值考量：智能制造的经济价值

智能制造以新一代信息技术为支撑，以智能工厂为载体，以关键制造环节智能化为核心，融合了识别技术、实时定位系统、信息物理融合系统、网络安全技术、系统协同技术五大关键核心技术。随着经济社会的快速发展，智能制造为各

---

[1] 中国工程院. 中国智能制造的发展路径[EB/OL]. (2019-04-18)[2020-06-03]. https://mp.weixin. qq.com/s/jIC-3b_ZsaK2wNPdI2JLZQ.

个产业带来了新的发展契机,既使传统制造业的生产组织模式发生了变化,又改变了商品的流通和交易方式,为企业营造了良好的全新生态环境,推动企业创新发生了质的飞跃。智能制造对经济社会产生了深远而重大的影响。

第一,智能制造系统的五大关键核心技术可以模拟产品的生命周期,使得组织生产更有效、灵活、经济,进而确保产品最短的研发周期、最低的成本投入、最高的生产效率以及最优的产品质量,最终通过对研发周期、生产成本、生产效率、产品质量等方面的改进来实现对现有制造业的提升,推动制造业组织结构发生调整,催生柔性制造、生物制造、绿色制造等全新的制造模式。其中,柔性制造以消费者为生产导向,追求最大限度地满足消费者的定制需求,是与传统的大批量生产模式相悖的以需定产的生产模式。生物制造是指以生物体机能进行大规模物质加工与物质转化,为社会发展提供工业商品的新行业,是以微生物细胞或以酶蛋白为催化剂进行化学品合成,或者以生物质为原料转化合成能源化学品与材料,促使能源与化学品脱离石油化学工业路线的新模式。[①] 从字面意思来看,绿色制造协调优化了企业的经济效益和社会效益,是在产品的全生命周期中对环境造成的负面影响最小、资源利用率最高的环境保护型、资源节约型的一种综合考虑环境影响和资源效益的现代化制造模式,把可持续发展战略在现代制造模式中体现得淋漓尽致。

第二,智能制造的出现重塑了企业经营的生态环境。首先,企业生产经营的技术环境发生了变化,生产经营使用的信息技术由低端转向高端,高端的信息技术的应用会使得产品研发、生产、销售等环节克服烦琐复杂的弊端,形成整个产业规格化的生产模式;其次,智能制造的出现让各个企业之间共享发展经验,由原来的依靠人力解决生产过程中的各种问题以及依靠过往经验进行生产升级为借助于智能化平台进行企业管理,打破了企业封闭式经营的局面,各个企业处于同一条生产线,彼此之间是亲密的合作关系,为了本企业的可持续发展,会吸引越来越多的企业加入生产线,随着生产线的扩大,处于生产网络中的大型装备制造企业必须做好组织工作,当好"领头羊",制定严格的生产线标准,让小型企业的发展有规则可循[②],形成标准化的生产组织管理,这样才能够让整个行业的发展越来越好;最后,以产品为中心的生产理念已不适应创新驱动的经济发展态

---

① 生物制造[EB/OL].[2019-09-09]. https://baike.sogou.com/v101397957.htm?fromTitle=生物制造.

② 于化龙.智能制造重塑企业生态环境 助力装备制造企业创新发展[J].科技风,2019(22):228.

势，智能制造的出现提高了社会的劳动生产率，通过掌握产品的开发战略以及市场动态，为产品增加了更多的附加价值，使企业赚取了更多的利润，在市场经济条件下，产品升级过程中更注重服务。

第三，基于智能制造研发的智能机器人的出现会对人力劳动产生冲击，发生机器对人的替代，对我国的就业产生影响。从短期来看，智能制造将引发替代效应和产业转移效应，从而导致部分工作岗位的流失。一方面，随着近年来部分发达省份的劳动力成本上涨，汽车、电气机械、器材制造等产业的生产线中投入了大量的机器人去从事烦琐、复杂的劳动，进而替代了大量从事体力劳动的劳动者，这些劳动者一般技术知识薄弱，进而陷入了失业的窘境。另一方面，我国过去几十年的制造业企业多为劳动密集型企业，智能机器设备的大量投入使用会给制造业的劳动从业人员带来较大程度的冲击，重塑我国制造业企业的类型。此外，智能制造具有自感知、自决策和自执行等功能，能够节省大量的管理人员，使管理层呈现扁平化、去中间化趋势。[①] 但从长期来看，智能制造的推进将会形成冶金智能成套设备、智能化食品制造生产线等一大批新兴智能制造装备产业，这些新兴产业的出现会倒逼拉动产业结构进行调整，从而创造新的就业机会，调整就业结构，在各行业形成一个个新的经济增长点。

---

① 王天悦.智能制造对于中国未来就业的影响[J].现代经济信息,2017(22):328.

第五章

智能营销：精准获取与高效转化

当前态势：AI赋能营销的不足与优化
行业升级："智能＋"走进营销5.0时代
理论支撑：营销组合理论助力智能营销目标

智能新时代不仅是一个快速变化的时代，更是一个加速发展的时代，人工智能技术的应用与发展使人们的生产和生活方式发生了日新月异的变化，重塑着商业模式和营销规则。时代在变迁，市场也瞬息万变，将大数据、人工智能、互联网、区块链等智能技术应用于商业数据处理可助力企业精准决策与高效实施，打破传统的营销产业链，重构智能营销体系。技术的进步推动了营销业向智能化方向发展，要充分利用智能营销，必须明确将AI技术应用于企业营销的不足及如何进行优化，AI如何助力迈进营销5.0时代，如何选择营销策略实现智能营销目标，以及智能营销的实际应用和前景如何等。

一、当前态势：AI 赋能营销的不足与优化

随着互联网、大数据、人工智能、区块链等新一代信息技术的快速发展和在商业领域中的广泛应用，企业营销由以广告、互动和公关为主要特点的个人计算机时代进入以精准营销为主的移动互联网时代，市场营销领域的传统行业规则在智能技术的驱动下已经发生了颠覆性的变化，使得营销升级成为行业发展的必然趋势，智能营销应运而生，并成为智能新时代营销行业发展的大趋势和主方向。

（一）人工智能赋能企业营销

通过电话沟通进行营销是企业传统的营销方式，这种营销方式需要耗费大量的人力，工作量繁多而收益甚微，营销人员面临巨大的工作压力，且用户的指责与不满会影响营销人员的工作激情。在新一代信息技术日益完善的今天，大数据、人工智能等智能技术对营销行业的赋能催生了行业内新的营销方式。将人工智能技术应用于营销领域有助于缓解行业当前面临的难题，借助于人工智能技术研发的智能语音产品等能够为企业营销增值赋能。在智能营销时代，赋能是人工智能技术的价值所在，通过人工智能为企业赋能，可以更精确地了解用户的需求，明确消费者的偏好，最大限度地提高广告效率，为消费者提供最合乎需要的产品。人工智能技术将从以下三个方面为企业营销赋能。

在产品营销推广方面：俗话说得好，有商品的存在就有营销。从最简单的随处可见的招牌广告、纸质广告等传统营销方式到广告植入、热点营销等新型营销方式，随着人工智能、大数据等智能技术在商业活动中的应用与推广，营销渠道由小群体向大规模的精准营销发展。例如，某个购物平台可根据用户的历史浏览记录为用户推送类似的产品和服务，智能分析用户需求，精准推送商品信息给有需求的用户。

如今，各式各样的营销方式随处可见，如在繁华的商业中心派发传单、在城市地标的电子屏幕上投放广告、在公共交通工具上播放广告视频、在各大影视剧中植入 App 和产品，营销无处不在，逐步融入了我们的日常生活。在"智能＋"这个大的时代背景下，随着营销渠道的扩宽，企业营销的方式日益走向多元化，企业开始寻求消费者更能接受的方式开展营销。

在用户推广方面：依靠人工智能技术来指导企业营销策略，将营销业务场景落实到具体的宣传活动上，构建人工智能营销平台对营销活动进行监测，并根据反馈数据进一步优化平台。借助于平台可通过某个交易挖掘客户潜在的需求和商机，通过对新店吸引新老客户、新老客户开通会员、召回流失客户等营销业务场景进行拆解，合理划分消费类型，对目标客户进行精确定位，精准分析客户的消费心理，深刻洞察客户的消费需求，进而选择适合客户的产品和服务，最终形成以新店拉老客、老客拉新客、新客拉潜在客户的用户推广渠道，实现用户推广。例如，现在各大电商平台纷纷推出老用户通过邀请新用户拼团购物，新、老用户都能够以低于市价的价格购买某种产品或服务，这不仅为新、老用户减少了支出，还为企业增加了用户群体。

以瑞幸咖啡为例，瑞幸咖啡成立于2017年，在短短的两年内，其扩张速度可谓飞快，截至2019年9月30日，瑞幸咖啡门店总数已达3 680家，门店覆盖范围大到各大城市的商业中心，小到各高校。覆盖范围之广、扩张力度之大的背后当然离不开其营销策略，明星代言的宣传海报在微信朋友圈频繁出现，加之其推行的新客首单免费的优惠政策，吸引了一大批新客争相尝鲜。为了留住客户，瑞幸咖啡还时不时推出随机折扣优惠券，例如，公众号不定期可领取5.5折优惠券，客户下单后还可领取优惠券，低至1.8折，此外，瑞幸咖啡还推出免费送给好友咖啡、各自可得一杯、咖啡钱包充二赠一等优惠方案进行品牌营销，吸引客户，这无疑使其得到了众多消费者的青睐。

在售后服务方面：利用人工智能技术研发的智能客服机器人全年在线运作，在处理客户咨询、换货、退货等售后问题时，可以替代人工客服，实现实时、高效地为用户解决基本问题。智能客服机器人还可与人工客服在同一对话框内进行服务，机器人遇到未知问题时，无缝切换到人工接待状态而客户体验不受影响。人工客服受理业务，机器人则智能关联相关知识点，辅助人工客服应答，即便是新上岗的客服，也能从容应对工作。[①]

智能客服机器人是人工智能技术在商业领域中最为成熟的一个应用，将其应用于售后服务方面能够为企业节省大量人工成本，同时能够为用户提供极大的便利。如图5-1所示，智能机器人可充当客服为消费者提供售前和售后服务。

（二）人工智能赋能企业营销的不足与优化

任何技术在某个领域的应用或多或少都要经历技术与应用领域的磨合。当

---

① 王爱飞.科大讯飞：AI赋能企业营销价值最大化[J].成功营销，2018(Z1)：52-53.

图 5-1　智能机器人充当客服

前,人工智能技术在营销领域的应用还处于初级阶段,还存在一些不足之处,应结合多种技术手段、采取多种方式对处于磨合期的人工智能技术与营销行业的融合进行优化。

第一,当下,人工智能技术还处在通过用户的浏览轨迹识别其消费方向这一分析水平较浅的层次,而在涉及消费者对商品的定价、质量、品牌等的个性化需求时,人工智能技术则无法为消费者提供各项需求都满足的产品和服务。这暴露出人工智能在营销领域的应用的一个弊端,即人工智能虽然精确定位了消费者的消费方向,实现了对产品和服务的精准营销,但并不能准确满足消费者的个性化定制和服务的需求,具有较低的时效性。

随着人工智能、大数据、云计算等智能技术的核聚变及其与营销行业的融合发展,各大电商平台、网页界面、搜索引擎等可以获取更多关于消费者偏好的数据,人工智能可根据庞大的数据基础深入分析消费者行为,从消费者的消费习惯、产品价格、品牌效应等微观角度出发分析消费者行为,精准定位消费者的个性化需求,为消费者提供高效、令人满意的服务。同时,要加强各大商家之间的交流与合作,各商业合作伙伴之间共享智能技术、用户数据、资源数据等来为消费者提供精准高效的营销服务,深化营销数据的深度,提高营销的实时性,提升对消费者的服务能力,从而实现精准营销的背后有强大的销售网络与体系进行支撑,使智能精准营销的投入产出比得到提升。[①]

第二,人工智能技术为消费者提供的精准营销服务虽然给消费者带来了便利,但在一定程度上也给消费者造成了困扰。例如,消费者在浏览某个网站时会留下其对某个产品或服务的浏览痕迹,但各大网站之间的数据是互通的,当消费

---

① 冀凯峰.浅谈人工智能技术背景下的市场营销[J].辽宁经济,2019(4):82-83.

者浏览其他网页时,系统会根据浏览记录自动弹出产品推送界面。自动弹出广告框这种粗暴的营销模式不仅会影响消费者当下浏览网页的心情,还会使消费者对网站平台是否安全产生怀疑,担心其个人信息是否会被不法分子利用,甚至质疑人工智能技术在营销领域的应用是否存在安全隐患。

将人工智能技术应用于企业营销的"初心"是为消费者提供最优质的服务。然而,当前这种粗暴的营销模式不仅使消费者的购物体验大打折扣,还导致消费者对人工智能技术产生信任危机。我们在将人工智能技术与营销产业融合的过程中,要坚持以人为本的发展理念,实施智能精准营销推送的模式时首先要站在消费者的角度考虑,以人性化的营销方式为消费者提供个性化、优质化的产品和服务。

第三,随着新一代信息技术的日益发展与完善,人们获取所需信息的方式和渠道日益增多,足不出户就可以接收世界各地方方面面的信息,当人们打开电子设备时,铺天盖地的信息就涌入视野。例如,当用户用手机浏览了某一条信息时,手机 App 会根据用户的浏览足迹为其推送相关的信息。然而,目前人工智能精准营销推送的频率过高,且通过网页、App、手机界面等多种渠道来实现精准营销推送,过高的频次、过多的渠道、过差的内容使得消费者对智能精准营销产生反感。[1]

纷繁复杂的信息充斥着人们的社交软件,当人们打开电子设备时,质量参差不齐的信息席卷而来,这无疑会使用户产生抵触心理。企业可借助于人工智能技术从诸多信息中提炼出消费者所需的有用信息,整合多方数据,通过人工智能技术对数据进行分析、分类、筛选,过滤无用信息,针对不同的用户提供不同的广告推送,而不是对所有的用户群体提供同样的推送。此外,企业可对信息推送的频率、渠道、内容进行优化,进而对营销信息的推送模式进行优化,提升营销的时效性和实效性。

二、行业升级:"智能+"走进营销 5.0 时代

新一代信息技术的深入发展赋予了商业形态全新的发展模式,新业态层出不

---

[1] 冀凯峰.浅谈人工智能技术背景下的市场营销[J].辽宁经济,2019(4):82-83.

穷,并且新旧业态深度融合发展。世界正处于大发展时期,在信息技术的驱动下,营销领域发生了深刻的变革,经历了传统营销时代、互联网营销时代、移动互联网营销时代三次营销革命。"现代营销学之父"菲利普·科特勒教授将营销时代分为以产品为中心的营销1.0时代、以消费者为导向的营销2.0时代、以价值观驱动营销的营销3.0时代和以共创为导向的营销4.0时代。

如图5-2所示,当前营销行业经历了营销1.0、营销2.0、营销3.0、营销4.0和营销5.0这五个发展阶段。随着社会经济的发展,智能技术与实体经济的融合日益密切,这为我们提供了多样化的商品,满足了消费者个性化的需求,营销扮演着驱动人们转变消费模式的角色,以碎片化的生活方式为代表的营销使得区隔成为营销1.0到营销4.0的特点,因此,人们追求和珍惜拥有完整的时间。从营销行业的发展来看,现状与需求的碰撞使得以打破区隔、走向融合为特征的营销5.0应运而生。

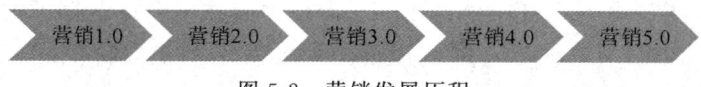

图5-2 营销发展历程

营销1.0时代。20世纪50年代至70年代是以工业机械为核心技术的工业化时代,工业革命的推动促使企业生产标准化和规模化的产品以迎合大众的需求,即产生了以产品为中心的营销。营销1.0时代的营销把具有生理需求的大众买方作为消费群体,以产品开发和细化作为营销概念和方针,以销售产品为目的。也就是说,有支付能力的人是这一阶段进行营销的主要对象,工厂生产的产品主要销售给这类群体。营销1.0时代生产的产品多为初级产品,以最大限度地满足各种需求,企业遵循4P营销理念(产品:Product、价格:Price、渠道:Place、宣传:Promotion)。然而,在战后经济动荡与不确定的背景下,企业通过降低成本以低价吸引消费者的策略并不能有效地创造新需求,因此,企业开始突破4P营销理念,寻求新的需求增长点,从而推动营销进入2.0时代。

营销2.0时代。20世纪90年代,随着互联网技术的迅速崛起与发展,大量的信息涌现,消费者更易获得来源广泛的产品和服务信息。面对高度信息联通的消费者,企业开始转变营销策略,由以产品为中心的营销1.0转向以消费者为导向的营销2.0。营销2.0时代专注品牌营销,将消费群体界定为有思想和选择能力的聪明消费者,以生产差异化的产品来满足消费者的特定需求,以一对一的营销方式对消费者提供产品和服务,遵循"顾客就是上帝"的原则以满足并维系消费者的需求,进而构建企业良好的品牌形象。然而,在消费者仍是被动营销对象的营销2.0时代,企业并没有与消费者打成一片,仍有很大的改进空间。

营销3.0时代。在以世界更美好为营销目标的背景下,消费者在营销人员眼中不再是被动购买产品和服务的消费对象,而是具有独立思想、心灵和精神的完整的个体。换言之,消费者寻求的产品和服务不仅要满足自己的功能和情感的需要,还要满足精神层面的需要。[①] 以价值观驱动营销的营销3.0从产品到顾客,再到人文精神,把情感营销和精神营销结合起来,以多对多合作的方式与消费者进行互动,致力于和消费者产生共鸣。

营销4.0时代。进入21世纪以来,移动互联网的兴起促使营销领域发生了巨变,人们的生理、安全和情感需求已经得到了满足,在社群、大数据、连接、分析技术、价值观等的推动下,人们开始追求自我实现的需要,消费需求由物质方面的满足转向更高层次的精神需要的满足,促进了消费的升级。社群、大数据等移动互联网技术的传播深化了B2B,B2C,C2C的交流与合作,使得企业与企业、企业与用户、用户与用户之间的互动与联系日益紧密,产生了大量的行为数据,以共创为导向的营销4.0时代需要面对和解决的是以价值观、连接、大数据、社区、新一代分析技术来实现客户的自我价值。[②]

营销5.0时代。消费者的生活习惯随着营销1.0到营销4.0的变革而改变,从产品、品牌、体验到个性化的营销革命,重塑了营销领域的商业发展形态。如图5-3所示,我国社交媒体形成了消费点评、即时通信、电子商务等多方位的格局,为营销5.0时代进行营销提供了更加便利的条件。随着营销的升级,人们追求把这些区隔的需求连接起来,而用户充当了把这些需求连接在一起的桥梁。在融合营销时代,当一站式解决的消费需求与集中营销、集中管理营销效果的品牌诉求交互在一起时,就要求营销在线上与线下、媒介与渠道、内容与情感、品牌与记忆等方面相融共通[③],以用户的生活习惯和消费习惯为营销方向进行精准营销。

在以用户为中心的营销5.0时代,企业营销人员要与用户建立从无到有,再到裂变宣传的强关系。当智能技术助力企业营销向5.0迈进时,企业所提供的产品、传播方式、渠道、交易类型和服务都进一步升级,与以往有较大的不同。

[①] 刘宇.互联网时代企业营销哲学的变迁——读《营销革命3.0从产品到顾客,再到人文精神》的启示[J].老区建设,2018(6):24-27.
[②] 营销革命1.0到4.0[EB/OL].(2019-01-19)[2019-09-11].https://mp.weixin.qq.com/s/m-3ZEWtFPMAZtS{pctUHZg.
[③] 魏亚欧.营销5.0时代:告别区隔 拥抱融合[J].声屏世界·广告人,2017(12):40-41.

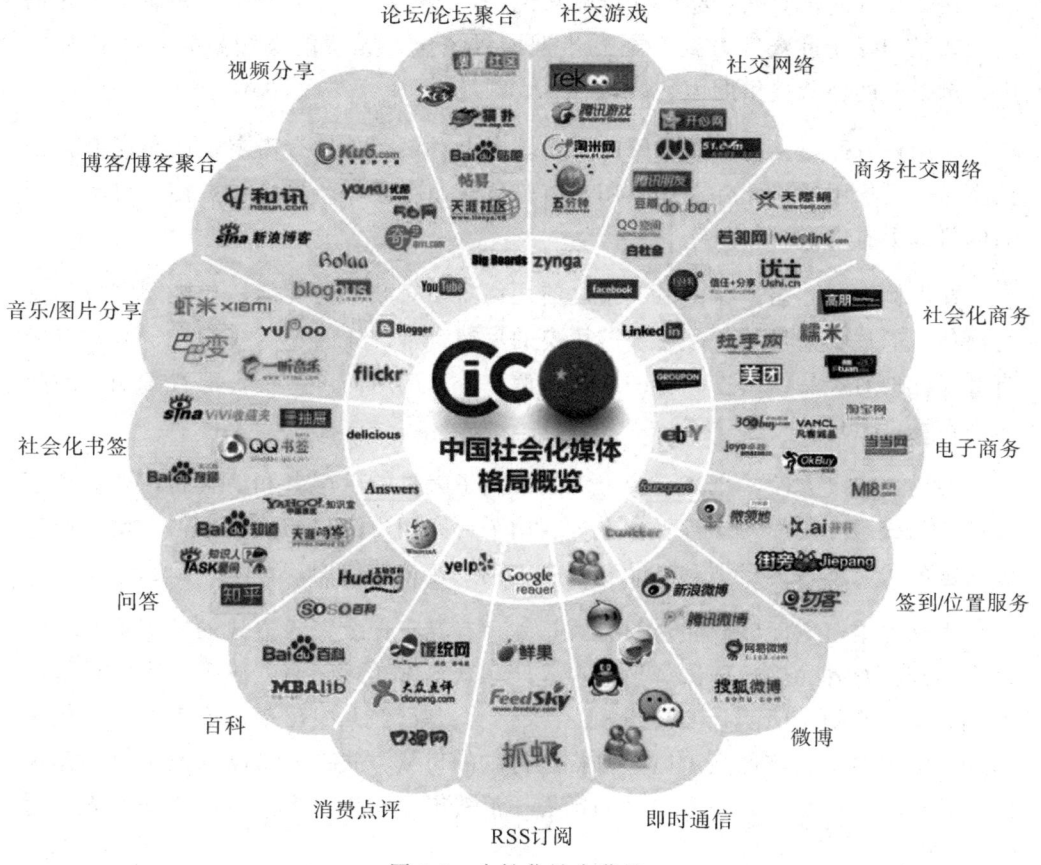

图 5-3 个性化社会营销

第一,产品升级——众筹式产品①。众筹并不是一个新生的思维方式,而是在很早以前就存在的,只是在 2014 年才逐渐传播开来并为各大企业所广泛应用。众筹这种方式会重塑和优化社会产业链条,对社会关系、生产模式、销售模式、消费模式等会产生不同程度的影响。当前,主流众筹方式有股权式众筹、会籍式众筹和产品式众筹三大类,其中,主流众筹平台多以产品式众筹方式为主。

产品众筹发生在产品销售之前,企业向投资人募集资金用于产品或服务的开发设计或生产预售,并在产品完工后将其无偿或低于成本价提供给投资人。产品众筹与传统的产品生产方式不同,产品众筹不仅仅是筹集资金,还涉及用户、群体智慧、流量、渠道。

---

① 周春燕."智能+"时代的营销革命[J].销售与市场(管理版),2019(5):5.

在资金方面，对初创品牌或产品来说，其产品投入市场的反响如何是不确定的。如果能够通过众筹方式筹措到生产所需资金，无疑能够缓解企业的资金压力，对企业的经营提供助力。

在用户方面，参与产品众筹的用户基本上对该产品具有需求，这类人群就是该产品的目标用户，此外，如果用户体验良好，则会对产品进行宣传，对提高产品的口碑大有助益。

在群体智慧方面，在产品上市之前往往需要对产品的性能、包装、定位等进行评估，通过收集参与产品众筹的用户的反馈，将群体的智慧集中在一起，可以有针对性地对产品做出进一步的完善与调整，以期产品以最符合消费者期望的状态在市场上出现。

在用户流量方面，众筹平台上大多聚集了大量的生产者和消费者，企业将生产的产品或服务投放在众筹平台上，利用平台高用户流量的优势，可以增加产品或服务的曝光度，无形中对产品和服务起到了宣传的作用。

在销售渠道方面，产品众筹方式是一种有异于传统销售方式的销售渠道，随着参与产品众筹的用户群体越来越多，产品众筹方式逐渐演变成了产品的预售和团购，但又有别于团购。参与团购的产品主要是已经开发出来的，多为一种促销行为，消费者购买该产品可以采取货到付款的付款方式；而产品众筹针对的是还未开发出来的产品，是一种产品的预售，消费者要购买该产品或服务需要先支付货款。

产品众筹旨在满足潜在客户的特殊需求，产品的创新性和前端性是位于产业链最前端的众筹产品的必备研发条件，依靠人工智能技术对消费者需求数据的分析，对项目合乎市场需求与否进行验证，以大幅度减小项目失败的风险，旨在研发出消费者最合意的产品和服务，无疑对企业品牌或产品在市场上占据一定的市场份额大有裨益。

第二，传播升级——交互式传播。在传统营销时代，企业营销人员和消费者的互动很少或几乎没有，消费者都是被动地接收来自外界的信息。进入智能新时代，人工智能等智能技术的交互融合让企业营销和消费者打破了彼此间的分隔，使其有了一定的互动，消费者可以自由表达自己对产品和服务的诉求，并传达给企业，企业会根据消费者的诉求为其提供产品和服务。随着新一代信息技术的日益发展与完善，产品的传播模式逐渐多样化，一些新兴传播模式逐渐涌现，交互式传播正是众多新兴传播模式中的一种。交互式传播有别于以广播为典型传播方式的非交互式传播。所谓交互式传播，指的是在一个传播管道中，来自受众的实际反馈被收集，而且发讯者将其加以使用，以便不断地调整或修饰再次传送给受众信息。①

第三，渠道升级——立体式渠道。线下获客的成本越来越高，而效果却微乎其微，甚至无法精确定位目标客户。智能技术的发展为企业营销人员提供了多样的营销渠道，使其不再局限于传统的广告、报纸等宣传方式。当前，企业的营销渠道有品牌商、代理商、经销商、终端服务门店、网络平台等线上线下于一体的多样化的渠道。对企业而言，要最大限度地发挥各大渠道的营销价值，最好的办法是将它们组合在一起，而不是使其独立地发挥作用。只有将各种渠道组合在一起共同为营销赋能，才能快速精准地为消费者提供合意的产品和服务，才能最大限度地发挥渠道的价值，为企业创造最大价值。在现有营销渠道的基础上，可利用互联网、人工智能、大数据等技术，通过微信、抖音等第三方及移动平台构建线上营销平台，然后依托强大的智能技术使社群营销发挥出最大作用，进而打造一个集线上线下于一体的密集的立体营销渠道。

基于上述分析，企业的营销渠道可被定义为传统的代理商渠道和依托互联网、大数据等信息技术发展起来的新零售模式两种。在大数据等各项智能技术的驱动下，传统的代理商模式已难以适应经济转型升级的高要求，而企业营销的代理商渠道一直是各大电商平台全力攻破的难点。因此，为了能够更好地推动智能新时代的营销的升级，转变思路和运营模式是各大代理商必须采取的措施，以期更好地适应日新月异的商业环境。在互联网的普及程度越来越高以及电子商务迅猛发展的时代背景下，传统的代理商渠道逐渐被弱化，电子商务由于具有物流覆盖范围广、价格低于传统代理商渠道以及平台上的商品种类齐全等优势而迅速崛起，在市场上占据的份额越来越大，各大厂商纷纷转战新零售。

第四，交易升级——认同式交易。交易是将企业的产品或服务销售给消费者的必经过程。在最初的物物交换时代，交易是以双方都是个人交易者的形式进行的。随着商品经济发展到一定阶段，消费者的消费需求朝着更加多元化的方向发展，个人交易者所提供的产品和服务已难以满足人们多样化的需求，于是，一批个人交易者集中在一起成为一个集体，共同地为其他个人交易者提供产品和服务。每一次技术的出现与应用都会对社会经济结构产生或深或浅的影响，促使经济结构升级，交易也随之升级。在更加注重消费者

---

① 交互式传播[EB/OL].[2019-09-19]. https://baike.sogou.com/v70714567.htm?fromTitle=交互式传播.

满意度和最大限度满足消费者合意需求的智能新时代,生产者与消费者之间的交易逐步走向协同,追求最大限度地达成双方的意愿,认同式的交易方式得到双方的认可。

第五,服务升级——定制式服务。当今时代,世界信息瞬息万变,市场营销处于激烈而复杂的竞争环境之下,企业的营销方式与企业能否在激烈的市场竞争中占据有利地位是密不可分的,营销方式的优劣会影响企业产品和服务的宣传效果,进而影响产品的销量与企业的口碑。与此同时,在消费升级的时代大背景下,产品的服务和质量是消费者所关注的焦点,服务营销的出现使得生产者更加重视消费者在营销环节中的作用与地位,满足了消费者对产品和服务的需求。

服务营销是一种有别于实物营销的营销方式,实物营销的方式多样,而服务营销却是直接的、单一的,其提供的服务是和产品挂钩的。所谓服务营销,指的是营销企业借助于大数据、人工智能等智能技术对收集到的消费者数据进行分析,基于此对消费者的需求进行精确定位,以期为消费者提供一系列满足其需求的精准服务。服务营销是一种起源较早的营销组合要素。服务是营销中的一项内容,这不仅指产品的服务,还包括与消费者之间的互动交流,企业通过这种营销方式来使自身的竞争力得到提升。[1]

无论是从生产者的角度来看,还是从消费者的角度来看,服务营销方式下的产品的服务都是相对分散的。这是因为对生产者而言,市场上有众多的营销企业,不同的营销企业所采取的营销方式是有差异的,不同企业的资金链也存在较大差异,这就使得生产者所提供的营销服务方式是比较分散的。而对消费者而言,企业所提供的产品服务的分散性就更加明显了,这是因为不同的消费者有不同的产品偏好与不同的需求,尤其对处在不同的行业、具有不同消费类型的消费者而言,消费者的需求呈现出多元化的发展趋势。此外,在我国经济由高速增长转变为高质量增长的发展趋势下,消费者不满足于物质方面的需求,更加注重精神方面的需求。随着消费者物质生活水平的提高,他们对服务的需求已高于对产品的需求,企业通过将营销方式由产品营销转变为服务营销,有针对性地为不同的消费者提供不同的产品和服务,即为消费者提供定制性的产品和服务,既最大化地满足了消费者的需求,得到了消费者的信赖,又使得企业在严峻的市场形势下提升了自身的综合实力。

---

[1] 郝祥银.市场营销中服务营销的作用及实践策略分析[J].全国流通经济,2019(26):5-7.

三、理论支撑：营销组合理论助力智能营销目标

我们知道，在营销 5.0 时代，企业营销致力于全渠道整合营销与提供全产业链整合服务，将用户的需求摆在首要位置。营销 5.0 时代要打破区隔，实现全方位的互联互通，构建企业与客户之间、人与人之间、竞争双方之间交互融合的和谐关系，把 4P/6P 理论、4C 理论、4R 理论整合成一个完整的营销理论是必不可少的。

（一）6P 理论

20 世纪 50 年代"市场营销组合"理论指出，从某种程度上说，营销变量、营销要素等因素会对市场需求产生一定的影响。基于此，为使企业赢得积极的市场反馈而获利最大，美国营销学学者麦卡锡教授整合影响市场需求的十几种要素，提出包括产品（Product）、价格（Price）、渠道（Place）和促销（Promotion）四种整合要素在内的 4P 营销理论。麦卡锡教授还把衡量一次市场营销活动成功与否的关键归因于企业生产的产品、销售的价格、推广的渠道、促销的手段是否能够在特定的市场为消费者提供合意的产品和服务。

然而，在市场经济的作用下，人们发现只考虑企业内部可控因素的 4P 营销理论存在一定的局限性，政治、经济政策的变动等外部宏观因素会对企业的市场营销活动产生较大的冲击。在国内外市场竞争日趋激烈的市场环境下，企业不能单纯地顺应外界环境，而应当营造良好的商业环境。因此，菲利普·科特勒教授在 4P 理论的基础上把政治力量（Political Power）和公共关系（Public Relations）考虑进了影响市场需求的因素，进而创立了"大市场营销理论"（Mega Marketing），即我们所熟知的 6P 营销理论，如图 5-4 所示。

产品（Product）。企业应追求提供高质量的产品和服务，产品的研发设计环节专注研发具有独特卖点的产品，产品本身及提供的服务应尽量与竞争者提供的有所不同。此外，对产品的营销不仅在于产品的质量本身，还可以从消费者的需求着手，利用消费者的情怀进行营销。从 2012 年品牌亮相到如今成为白酒行业巨头，江小白这几年的迅速发展无疑是一个成功的营销案例。江小白犹如当代年轻人的"解忧杂货铺"，其营销文案贴切地戳中了年轻一代消费人群的内心，准确把握住"人是感性的动物"这一事实，江小白将公众的这一心理视为行业的

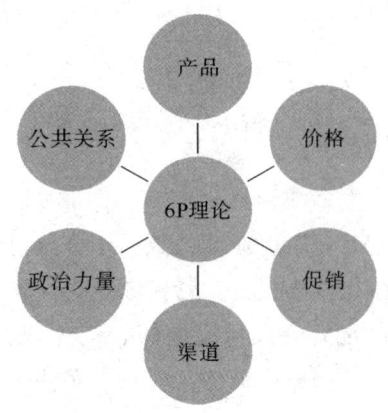

图 5-4 6P 营销理论

一大卖点。2015 年,江小白录制了一段符合 80 后、90 后情怀的视频《友情岁月》,视频一经播出就引起了强烈反响,吸引了公众、大咖、网红等集体传播,酒吧、KTV 等娱乐场所纷纷推出江小白特调,其销量在短短的 5 年间由 0 一跃突破 10 亿大关。

价格(Price)。除了产品质量以外,产品的价格对销量也会产生极大的影响。对消费者而言,如果两家企业所提供的产品和服务是完全一样的,绝大多数消费者都会倾向于选择在价格更低的那家企业消费。从价格入手进行营销的确不失为一种良好的营销策略。宝洁公司自进军我国市场以来,一直秉持高价策略,使消费者的价值通过高价体现出来。然而,随着市场的发展,宝洁公司的高价策略在市场竞争中不占优势,市场内中低档价位的产品空缺为本土企业提供了一片成长的沃土。为了应对严峻的市场竞争,挽留顾客,宝洁公司不得不采取降价措施,为了对抗联合利华等竞争对手发起的强烈进攻,宝洁公司先后对洗衣粉、沐浴露、洗发液等产品采取了降价策略,涉及的产品包括汰渍洗衣粉、舒肤佳沐浴露、飘柔护理洗发液等,旨在占领低端市场,以应对竞争对手的价格攻势。

渠道(Promotion)。资源是有限的,信息是不完全的,对消费者来说,营销渠道的不同会影响其对产品或服务的相关信息的接收程度。企业要使营销效果达到最大化,让目标客户群能够获得更多更高质的产品信息,不仅可以通过广告等传统方式扩展营销途径,也可以通过反传统的营销渠道实现营销的目的。日本丸万公司对打火机的销售是采取反传统的营销渠道的典型案例。我们知道,打火机一般是在杂货铺、百货商店等场所进行销售的,然而,日本丸万公司却将其推出的打火机交由钟表店销售,相比于百货商店,在钟表店内售卖打火机使消费者产生了一种"打火机很高级"的错觉。日本丸万公司采取这种反传统的营销渠道去销售打火机收到了不错的反馈,甚至使得丸万打火机在国际市场备受青睐,风靡全球。

促销(Promotion)。对企业来说,无论是否是知名品牌,如果不对某项产品或服务进行推广,那么该产品或服务很难赢得公众的关注。但是,如果企业采取广告、公关、销售促进等手段为产品或服务进行宣传推广,则为产品或服务顺利地流入市场、占据一定的市场份额提供了有利的条件。日本东京一家银座绅士西装店正是以打折促销为营销切入点,首创"打一折"模式,店内的商品固定,售完不再补货,第一天打九折,第二天打八折,第三、四天打七折,第五、六天打六折,以此类推,直到第十三、十四天打两折,最后两天打一折。由于这种打折促销的方式是让人吃惊的,因此在前期吸引了大众的注意力,达到了很好的舆论宣传效果。人们在前两天围观,到第三天开始疯抢,由于越早购买商品的种类和样式就越多,消费者为了购买自己喜爱的商品,甚至不用等到最后两天的一折,商品在五、六折时就全部销售一空。这种以打折促销为切入点的营销方式无疑是成功的,商家利用心理战术精准定位了消费者的需求,引起了抢购的连锁反应,商家也因此从中获利。

政治力量(Political Power)和公共关系(Public Relations)。20世纪80年代,在政府干预和贸易保护主义盛行的严峻形势下,企业内部可控因素并不能为开展市场营销提供有利环境,此时必须借助于政治力量和公共关系打破贸易壁垒,为开展营销活动开辟道路。为了推动某一行业的经济发展,政府采取一系列政策措施支持行业的发展,借助于政府的政治力量,无疑有助于行业经济的又好又快发展。此外,企业正确处理与公众之间的公共关系也有助于企业品牌价值的提升和产品销量的增长。例如,2018年11月17日凌晨的东航机票系统漏洞导致国内航线头等舱机票价格低至90元,面对这种突发状况,东航当天就及时做出回复:售出机票全部有效。这个回复为东航赢得了良好的游客口碑,"超低价机票"危机事件展现出了东航良好的公共关系营销策略,所以旅游企业应该利用好公共关系,做好旅游市场营销。[1]

(二)4C 理论

如果说 6P 理论是站在企业的角度来开展营销活动的,是产品导向型的营销理论,构建了营销理论体系,使得复杂的营销活动简单化,那么包括消费者

---

[1] 黄晓玲.理论指导下旅游市场的营销分析——以 4P、6P、4C、4R 为例[J].旅游纵览(下半月),2019(2):11,13.

(Customer)、成本（Cost）、便利（Convenience）、沟通（Communication）在内的 4C 理论（如图 5-5 所示）则更多地考虑了消费者，是站在消费者的角度开展活动的，以消费者作为营销活动的主体，更多地关注消费者的需求，强调以消费者为导向。6P 理论作为一种营销策略和手段，指导企业 4C 理论的贯彻和实施。

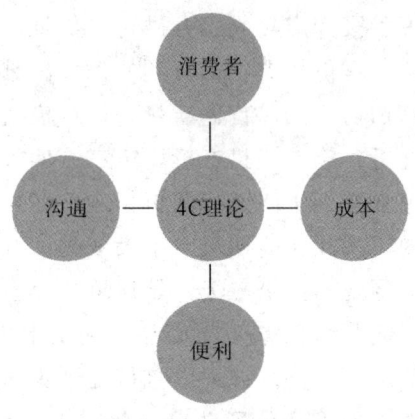

图 5-5　4C 营销理论

4C 理论从营销理念出发为企业解决问题，指导企业生产，不再把关注点集中于自身的产品和服务，而把消费者的需求摆在首要位置，以消费者的需求指导产品的研发生产，这里的需求包括消费者的生理需求和心理需求。4C 理论更注重顾客满意度，并把顾客满意度作为指导企业开展业务的侧重点。4C 理论认为，应通过降低顾客的购买成本，提高购买过程中的便利程度以及与顾客保持沟通，而进行有效的市场营销。与 4P 理论不同的是，该理论不从企业的角度出发制定市场营销策略。[①]

消费者（Customer）。4C 理论有别于 4P 理论的一个显著特征就是站在消费者的角度进行营销，以追求顾客满意为营销目标，挖掘并满足消费者的需求。消费者对价值的需求来源于生理价值需求和心理价值需求，基于此，消费者只考虑某种产品或服务给其带来的价值，并往往愿意支付更多的金钱来获取产品或服务。此时，企业需要考虑的是如何生产出合乎消费者偏好的产品和服务。然而，被动地去适应消费者的需求会致使企业盲目地进行生产。

成本（Cost）。消费者购买产品和服务的成本的多少是相对来说的，即消费者对成本的需求所指的成本是相对成本，而非绝对成本。当然，从经济学的角度

---

① 黄晓玲.理论指导下旅游市场的营销分析——以 4P、6P、4C、4R 为例[J].旅游纵览（下半月），2019(2):11,13.

来看，基于理性经济人假设，人都是自私的，那么作为自利的个体，人们总是希望能够以最低的价格获得最好的产品或服务。若企业要在激烈的市场竞争中脱颖而出，在交互价值与竞争对手等同的情况下，低价的产品或服务往往能吸引更多的消费者；在与竞争对手的报价相同的情况下，若企业要占据一定的市场份额，则其所提供的产品或服务的价值必须要高于竞争对手所提供的。

便利（Convenience）。从消费者的角度出发，在对产品或服务的需求上，消费者追求获得便利、使用简单的产品或服务，在互联网和人工智能技术的推动下，消费者对便利的需求越发强烈。例如，在某企业和竞争对手提供同质产品或服务的前提下，消费者更倾向于选择更为便利的产品或服务。

沟通（Communication）。在移动互联网还未普及时，消费者只能被动地接受商家所提供的产品和服务，此外，由于信息传送给消费者经历的中间环节过多而导致信息的失真与时滞性，商家与消费者之间的沟通存在诸多阻碍。随着移动互联网和智能技术的普及与应用，消费者获取信息的渠道变得多样且数量众多，从而调动了消费者在营销活动中的积极性，消费者更多地与企业进行互动，表达自己的诉求。

（三）4R 理论

过度以消费者为中心的 4C 理论会导致企业盲目生产进而承担成本高昂的后果。基于此，美国整合营销传播理论的鼻祖唐·舒尔茨教授提出了以关联（Relevance）、反应（Reaction）、关系（Relationship）和回报（Reward）为核心的 4R 营销理论，如图 5-6 所示。该理论表明，在变化万千的市场形势下，企业营销考虑的不应是如何卖出产品或服务，也不应是如何迎合消费者的需求，而应是在站在消费者的角度开展营销活动的同时注意与竞争对手争夺客户，以竞争为导向，强调关系营销，侧重于企业和顾客关系的互动，不仅考虑企业的利润，还考虑消费者的需求，以客户忠诚为目标，旨在在消费者和企业之间建立起具有粘性的客户关系。

关联（Relevance）。对企业营销来说，在消费者和企业之间建立起关联关系是至关重要的。在变化万千的市场动态中，企业不仅要适应客户的需求，还要主动创造客户的需求，并寻求有效方式与客户建立起长久有效互动的关系，防止客户流失。例如，与顾客建立互助关联以提高彼此之间的相互关注，进而在吸引公众关注的同时赢得长期稳定的市场。

反应（Reaction）。所谓反应关联，就是要及时地倾听客户的心声，进而有

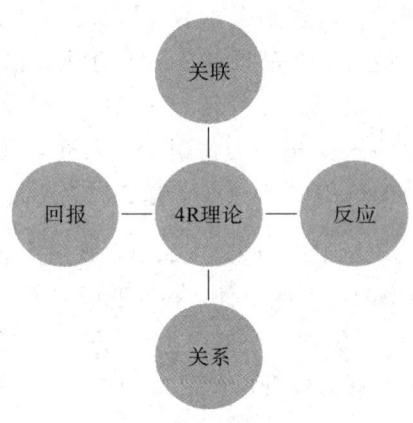

图 5-6　4R 营销理论

效应对客户多样的需求。此外，要善于挖掘客户的需求，明晰客户的期待，及时发现客户的不满，这样才能快速及时地响应客户的需求，提高市场反应速度，进一步提升市场满意度。

关系（Relationship）。企业要处理好与客户之间的关系，要建立起彼此之间长期而稳定的友好合作关系。企业与客户的关系不局限于销售过程中的买方和卖方的关系，要把双方的交易变成一种责任的纽带。这一理论要求销售人员转变思维方式，不再完全地以销售产品为最终目的，而要实现对客户的责任与承诺，以期赢得客户的信赖，提升客户对企业的忠诚度，获得更多的"回头客"。

回报（Reward）。任何两个企业之间交易与合作关系的巩固与发展都是涉及经济利益的过程。营销的最高境界是实现企业和消费者的双赢。在瞬息万变的市场形势下，人工智能等智能技术不仅可帮助企业从微观和宏观层面分析消费者的需求及企业在竞争中的地位，实现市场回报最大化，还能为消费者提供精准营销方式，精确定位消费者合意的产品和服务。当然，未来美好的发展蓝图是企业和消费者双方共同搭建的，企业在追求市场回报最大化时，也应做出适当的取舍，在建立企业与市场之间的良好关系的同时，将市场回报视为企业进行未来规划与规模扩张的动力与源泉，进而构建长期稳定的双赢局面。

当前，面临着产品供给过剩、市场竞争激烈，企业之间的竞争日益趋向白热化。企业要在激烈的市场竞争中脱颖而出，占据一定的市场份额，营销无疑为其产品的推广提供了极优的解决方案。无论是品牌营销，还是内容营销，总之不管是何种营销组合策略，只要能够为企业和用户创造价值，就不失为一种好的营销。在智能新时代，传统营销向智能营销转型是时代发展的要求，也是行业发展的必然趋势。营销组合策略为我国营销行业由传统营销升级为智能营销提供了理论支撑。

第六章

智能零售：助力重构智慧城市物流基础设施

发展脉络：不断更迭的零售业态
转型升级：走进智能零售时代
利好环境：助力行业又好又快发展

在 消费升级和经济增长的经济背景下，人们的生活条件大幅度改善，生活水平显著提升。零售行业是我国国民经济的基础性行业，近年来随着智能技术对零售行业的持续赋能，智能零售产品层出不穷。从零售1.0到零售4.0，零售业态不断更迭，我国零售行业迈进了智能零售的崭新阶段。

一、发展脉络：不断更迭的零售业态

2014—2018年，我国社会消费品零售总额不断增长，由271 896.1亿元增长到2018年的380 986.9亿元，在短短的四年内增加了109 090.8亿元，其中连续三年保持10%以上的增长率，如图6-1所示。国家统计局公布的数据显示，2019年前三季度，社会消费品零售总额为296 674亿元，同比名义增长8.2%，实际增长6.4%。按照经营单位所在地分，前三季度城镇消费品同比增长8.0%，乡村消费品同比增长9.0%；按照消费类型分，前三季度餐饮收入同比增长9.4%，商品零售同比增长8.0%；按照零售业态分，前三季度限额以上零售业单位中的超市、百货店、专业店和专卖店零售额比上年同期分别增长7.0%、1.5%、3.8%和1.4%。一国的社会消费品零售总额反映了该国经济发展的软实力，也从侧面体现了经济发展的内生动力和增长潜力。零售作为扩大内需的关键抓手，在技术力量的驱动下，行业不断发生变化，产业格局也在调整。

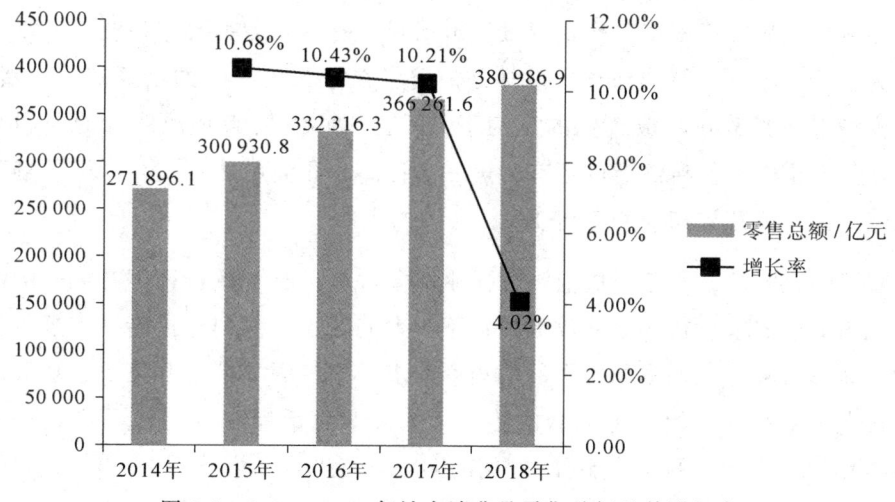

图6-1　2014—2018年社会消费品零售总额及其增长率

1978年改革开放的春风吹遍大江南北，市场经济成为全新的经济模式，我国零售行业由此形成，开启了四十余年的行业发展与变革，成为大众不可或缺的一部分。

在四十余年的零售发展史中，零售模式发生了翻天覆地的变化，向日益完善的零售格局迈进。如图6-2所示，从零售1.0、零售2.0到零售3.0，再到如今的零售4.0，行业发展的各个新业态都刻上了时代的烙印，零售发展史反映了消费者对我国零售业态的需求变化历程。

图6-2 我国零售行业发展脉络

从我国零售行业不同时期所具有的不同新业态来看，无论是早期零售业的变革，还是如今的转型升级，无非就是消费者消费观念的改变或新技术的出现及其对行业的赋能作用导致消费者消费方式改变，为了适应这些日新月异的变化，为消费者提供更好的零售服务，零售行业不得不加入转型变革的大军。然而，无论是最初的零售1.0，还是新时代的零售4.0，不管零售是如何被定义的，其行业升级与改造始终是围绕着"人""货""场"这三个因素进行的。

（一）零售1.0

零售1.0是传统零售时代，以批发市场和传统零售为主要零售业态，以商家运营为主导，廉价、便利和产品多样是消费者在这一模式下的主要需求。然而，在规模经济和商家利润最大化的制约下，零售1.0主要满足消费者的便利性需求，产品丰富度和价格满意度还有待进一步提高。我们可从"人""货""场"三要素来解读改革开放初期的零售1.0。

要素一："人"。改革开放前，居民生活条件差，衣食住行用等各方面的需求都表现为低端需求。在改革开放的推动下，人们的收入得到了提高，需求也较旺盛。然而，有限的收入限制了人们的消费需求，当时的需求主要集中于功能性需求，彩电、录音机开始走进大众的生活，人们对生活品质的追求不高，在零售1.0时代，"人"这个要素起到了主导作用。

要素二："货"。我国在20世纪八九十年代尚未构建完善的物流基础设施，商品的流通面临诸多难题，零售商虽有充足的商品库存，但在不完善的物流模式和低效的终端售卖方式的限制下，加之过多的商品流通层级和有限的商品议价能力，零售1.0时代的商品零售价偏高，零售商家货品存货单位有限成为零售1.0时代的主要矛盾。

要素三："场"。改革开放使我国的经济制度由计划经济转为市场经济，这一时期放宽了物料的生产和销售。对零售行业而言，政府和企业认为拉动经济增长的动力源泉是资本投资和扩大内需。在零售1.0时代，我国零售业刚刚起步，国民消费需求虽然旺盛，但由于助力行业发展的各项设施尚未完善，行业面临着产能效率低下的窘境，当时的零售业态大多是杂货铺、百货商店等，零售1.0时代的零售活动基本上围绕着杂货铺、百货商店开展。然而，我们都知道，这种场所一般较为分散，而且经营空间狭小，商品的种类和数量有限，只能粗略地满足消费者简单的日常需求，并不能满足消费者多样化的消费需求。在零售1.0时代柜台式的"场"中，不仅柜台人员有限，参与这种交易的人群也有限，并不能辐射所有的人群，具有辐射人群有限、交易效率低下等缺陷。

（二）零售 2.0

1990—2000年，在短短的11年间，人们的收入水平进一步提高，消费需求进一步朝多元化方向发展，零售模式也由零售1.0迈进了零售2.0。在零售2.0时代，国内零售商家的形式多样，超市的概念逐步被人们熟知，加之超级购物中心的出现，满足了人们对廉价和多样性产品的需求，而便利性的需求属性较弱。零售2.0时代的"人""货""场"三要素相较零售1.0时代都进行了升级与改造。

要素一："人"。20世纪90年代，在社会主义市场经济体制、国有企业改革、经济结构调整等的推动下，我国经济迅速崛起，随着人们收入水平进一步提高以及城市现代化进入新阶段，消费者开始展现多样化的需求，人们开始追求购物和娱乐的需求。同时，十余年的改革开放促进了我国经济的快速发展，吸引了一大批外资在我国投资建厂，进一步拉动了消费。

要素二："货"。20世纪90年代，国内快递市场刚刚起步，随着物流基础设施的进一步完善及其与供货商体系的进一步发展，商品流通过程中的诸多难题得到了解决，商品流通体系朝着规模化的方向发展。与此同时，商品种类更加丰富多元，消费者开始形成品牌意识。随着销售终端的效率不断改革与优化，各大零售商的议价能力得到进一步增强，成为库存管控的主体，"货"这个要素在零售2.0时代起到了主导作用。

要素三："场"。这一时期人们的消费场所发生了变化，由零售1.0时代的百货商店、杂货铺逐步转移到各大超市和大型购物广场，风靡一时的超市和购物广场的出现使消费者的购物效率得到进一步提高，以开放式的自选购物模式为特征的超市极大地满足了消费者一站式购物的便利需求。同时，消费者对产品廉价性和多样性的需求基本得到了满足。

（三）零售3.0

进入21世纪以来，互联网等新一代信息技术的迅速崛起与发展推动了零售模式进入以人为王的零售3.0时代，这一时期是以用户为主导的红利零售过渡期。随着社交电商及我国整体生产力的发展，我国零售业发生了结构性的变化，面对着线下渠道的资源不对称，以PC电商和垂直电商为代表的零售3.0使得人们足不出户就可以购买世界各地的产品和服务，全面满足了人们对产品和服务的便利性、价格低廉、丰富度的需求。零售的"人""货""场"这三个要素进一步升级与优化。

要素一："人"。在以人为王的零售3.0时代，人们的消费理念和生活方式发生了翻天覆地的变化，消费者的需求不再是追求商品的丰富度，而是更加倾向于从众多的商品中挑选出适合自己的商品。物质的极大丰富与计算机和网络的普及使得人们对消费便利性、产品多样性、价格低廉性提出了更高的要求，人们更加注重对品质的追求。同时，消费者并不局限于物质需求的满足，开始重视精神需求的满足。

要素二："货"。移动互联网和电子计算机的发展与应用完善了物流体系和支付系统，商品流通效率得到空前提高，社交电商的发展极大地降低了拉新成本和留存成本，使商品的价格得到进一步的改善。此外，在这一时期，随着商品丰富度的进一步提高和货品的供过于求，消费者享有海量商品的选择权。

要素三："场"。与零售1.0和零售2.0不同的是，前两者的交易场所是实体场，而零售3.0的交易场所由实体场转变为虚拟场，场的辐射范围也进一步得到扩大，不再局限于本国，延伸到了世界各地。人们在基于互联网等技术构建的虚拟场内就可以完成各项交易活动，消费者可以通过虚拟场匹配到优质商家，同样地，商家也可以通过虚拟场实现与用户之间的沟通和连接。在零售3.0时代，一大批电商平台崛起，如淘宝、京东、唯品会、当当、聚美优品等，场的交易效率得到了空前提高。

（四）零售4.0

随着消费者生活品质的进一步提高，零售4.0重新整合了供应链，以品质、成本和用户体验为关键要点，注重消费者对产品品质、价格和消费体验的需求，贯彻"物美价廉、愉快放心、方便快捷"的消费理念，做到真正地以消费者为中心。同时，在零售4.0时代，线上线下一体化融合得更加紧密。在各种智能技术的驱动下，各种智能产品投入市场，购物日趋智能化，社交也更多地融入了娱乐性、优质化的因素。消费者在物质需求日益得到满足的同时，开始追求精神生活的需要，重新定义了消费观念和消费需求。此外，大数据无时无刻不充斥着我们的视野，这一时期抓住大数据这一富含巨大价值的技术，精准分析，精确定位，将用户视为零售的中心，注重消费者的购物体验。在零售4.0时代，随着人工智能、大数据等智能技术对零售行业的赋能，零售的"人""货""场"三要素被重新定义。

要素一："人"。消费者的生活服务领域在移动互联网技术的驱动下得到了改造，零售业出现了全新业态，如团购、共享经济、同城服务、O2O。这些新业态的出现推动了人们进一步释放对生活品质的追求，消费者更青睐于体验式购物。同时，随着城市化进程的加快，忙碌的生活使得人们对闲暇的需求日益增加。

要素二："货"。大数据、人工智能等各项智能技术对货物生产、运输和选品销售的赋能，推动形成了柔性化的商家供应链、精细化的库存管理，商家和消费者更加注重商品的性价比。与此同时，随着城市物流配送的日益完善，货品已经离消费者越来越近了。

要素三："场"。零售4.0是虚拟场所与实体场所的交互融合，也就是说，零售4.0时代的零售场所是线上与线下的融合。在这一时期，我们判断其场所辐射范围广不广，依旧取决于其线下的门店数量和门店遍布的范围。线上场所能够将用户与商家连接起来，加强了二者之间的互动性，借助于线上场所能够采集用户数据等特点以及用户和商家之间建立起来的互动关系，为商家开展线下活动提供了有价值的数据与参考资料。在对线下场所进行优化的同时也实现了对线上场所粘性的巩固，在全渠道整合线上线下场所，一方面为消费者提供了优质的购物体验，另一方面为商家的经营管理营造了良好的氛围，创造了消费者和商家双赢的局面。

从零售1.0到零售4.0的发展模式中我们可以看出，零售行业的发展脉络越来越清晰。无论零售发展模式怎么变化，零售三要素的升级与优化都刻上了时代的烙印，零售行业的每一次进步都围绕着三要素进行，零售的"人""货""场"三要素（如图6-3所示）的每一次变化，都给我们带来了

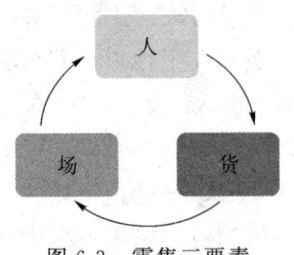

图 6-3 零售三要素

创新与变革。

在移动互联网和智能技术的驱动下,经营模式粗放、供需匹配失衡、个性化体验缺失等发展局限使得传统商业举步维艰甚至节节败退,传统的零售模式已不适应社会经济发展和消费升级的需要,技术的赋能使得电子商业模式迅速崛起,商业智能大放异彩。从亚马逊开出无人超市、马云认为新零售时代已经来临,到传统零售存在诸多发展瓶颈,无疑对传统零售造成了强烈的冲击,行业发展面临严峻考验,传统零售进一步走向衰落。

在新一轮科技革命和产业变革的时代潮流下,加之大数据的应用、算法的革新以及算力的提升,人工智能技术进入全新的发展阶段,成为推动传统零售转型的新技术与新动能。在各种技术的全新赋能下,行业先驱开启行业转型升级的探索之路,新智能、新技术、新业态主导未来,重塑了商业模式,新零售和智能零售迅速崛起,并成为全新的行业发展趋势,为消费者在新时代创造更多更好的零售体验。

二、转型升级:走进智能零售时代

在智能新时代,各种行业新业态蓬勃发展,零售业态已进一步升级与优化。近几年来,随着零售4.0概念的提出,零售业又往前进了一大步。

零售4.0时代是虚实融合的时代。所谓零售4.0,指的是以消费者为中心,对尽可能多的零售通路进行组合和整合,以满足顾客购物、娱乐和社交的综合体验需求,其中全通路体验、资讯化数据管理以及个人化互动行为成为围绕消费者实现"无缝零售"的关键。① 在智能新时代,要在虚实融合的行业大环境下突破虚实界限,打造多元销售或服务通路,创新行业发展模式,以期提高运营效率。

---

① 王晓锋,张永强,吴笑一.零售4.0时代[M].北京:中信出版社,2015:32-33.

（一）智慧零售

近年来，国内外传统零售业面临着寒冬，大批传统零售门店出现了"关店潮"。仅 2017 年一年，北京庄胜崇光百货北馆、号称"外资百货第一店"的百胜和日资伊藤洋华堂都仅剩下一家店；2018 年，美国知名的梅西百货公司宣布关闭在加利福尼亚州、佛罗里达州等的 7 家门店，与此同时，另一个百货巨头 Sears 也宣布将关闭超过 100 家门店。在传统零售行业日益衰退的情形下，人们意识到传统百货必须推出新业态以缓解每况愈下的行业发展困局。随着人工智能、云计算、物联网、大数据等新兴技术为传统零售行业赋能，传统零售行业走上了转型之路。智慧零售这种零售新业态挽救了传统零售行业，化解了传统零售所面临的挑战与危机。

在智能技术的赋能下，以"无界零售""无人零售"等为典型应用场景的智慧零售应运而生，零售业供给侧结构性变革的新业态、新模式与需求侧的"网络购物"形成对照和衔接。在人工智能、云计算、物联网、大数据等新兴技术的推动下，我国智慧零售已由最初的萌芽阶段逐步过渡到快速发展阶段，对创新传统零售行业的供给体系起到了巨大的推动作用，同时进一步促进了消费升级和社会价值的提升，经营理念、经营模式和支付场景等方面都进行了调整与变革。

在经营理念方面，智慧零售重塑了传统零售业的经营理念，用户体验思维是其强调的重点。相较于更关注"物"和"效率"的传统零售而言，智慧零售的关注重心有所转移，智慧零售更关注"人"和"体验"，不再是想方设法将商品出售给消费者以实现利润最大化，而是借助于智能技术对消费者的各项消费数据进行分析，以消费者为中心，以期通过挖掘消费者的潜在需求和个性化需求来指导厂商进行产品的生产和制造，进而为消费者提供合意的产品和服务，提高消费者和供给者双方的满意度。

在经营模式方面，一方面，随着零售业的数字化、智能化，电子价签取代了具有修改烦琐、错误率高、人工消耗高等多个弊端的传统纸质价签，提高了前端货品陈列的便利性，还具有能够根据实际情况动态调整价格的优势，如打折商品的价签颜色会显示得与正价商品的略有不同。另一方面，各种智能技术的赋能使得后端库存拥有更完善的系统，能够实时在线和实时更新所有商品的库存数据、销售数据等，企业能够根据存货盘点数据及时补充商品库存、调整与更新商品品类，从而促进零售整体的管理与经营效率提升。

在支付场景方面，排队结账是传统零售的一大弊端，队伍过长、等候时间太久等都会影响消费者的购物体验。新兴的智慧零售通过提供人脸识别、射频识别（RFID）扫码支付等多样化的支付方式，解决了用户在传统商超购物排队结账的痛点，真正实现了用户自主结账，有效提升了消费者的购物体验。[①] 刷脸消费已经占据了各大市场，为了抢占更多的用户群体，各大行业巨头逐鹿线下消费场景，无人超市、无人便利店等相继亮相。2017年"双11"前，京东无人超市首次在京东总部公开亮相，借助于深度学习算法、传感器融合等智能技术，消费者在选购完商品之后，只需在结账通道出口闸机处抬头使得探头取像成功即可实现购物，彻底跳过了用户体验感较差的排队结账环节，保证了用户流畅的购物体验，实现了全程完全的无人结算。

（二）新零售

"人""货""场"三要素贯穿着零售业发展的始终，如今备受资本青睐的新零售也以"人""货""场"为布局行业战略的依据。2016年，马云提出新零售概念，掀起了一股新零售之风，各大互联网巨头纷纷布局新零售。在大数据、人工智能等技术的驱动下，零售行业开启了线上线下融合的新零售之路，如今，经过几年的发展，新零售已初具规模。

实际上，消费升级、技术变革和行业面临发展瓶颈是新零售爆发的根源。原因有三：其一是人工智能等智能技术对零售行业的赋能推动了零售业转型升级，使得传统零售业不断调整自身战略以适应"智能＋"大环境下的需求；其二是随着经济发展水平的提高和消费者对高品质生活的追求的增多，为了满足消费者对购物体验升级、场景本地化的诉求，各大电商平台纷纷转型，开启了线上线下结合的探索之路；其三是零售行业遭遇了发展瓶颈，近年来，零售市场竞争越发激烈，电子商务的应用与发展冲击了全球的实体零售，使其发展速度放缓，加之十年互联网红利渐渐退去，零售行业急需寻求突破瓶颈的解决方法，倒逼行业进行转型与升级。

---

① 王锐，蒋亦伟．智能零售风起云涌，数字技术驱动转型升级[J]．信息通信技术与政策，2019(4)：49-51．

我国零售业的发展经历了单渠道零售、多渠道零售、跨渠道零售、全渠道零售，各种不同的零售模式都是某个时代的产物。当前，在大数据、人工智能等技术力量的驱动下，集概念创新和技术革新于一体的新零售模式作为一种零售新业态吸引了各大电商平台的目光。

然而，新零售至今并没有一个明确的定义。对于新零售，关注点不应在于"新"，仍应回归本质将着重点放在"零售"上。有人认为新零售是"线上＋线下＋物流"三位一体的零售体系，也有人将新零售界定为"将零售数据化"。其实，新零售并不能一概而论，而应该依据不同的企业来界定，根据企业自身发展状况的不同，其对于新零售的定义也存在差别。

综合多方定义可以看出，新零售作为一种零售新模式，是依托人工智能、云计算、物联网、大数据等技术力量，将零售各个环节的线上与线下渠道进行深度融合，在虚实融合时空中打通各零售环节，以最大限度地满足消费者的合意需求，给消费者带来"精、快、优"购物体验的零售新模式。其中，"精"是指零售组织能够精确地识别消费者；"快"是指快速、高效地满足消费者的需求和欲望；"优"是指给消费者带来优良的产品、优质的服务。[1]

在新零售时代，零售重心由"货"和"场"转移到了"人"，新零售也进行了一定的创新，具有与以往的零售不同的特点，其中"新"是新零售的一个特色，体现在以下三个方面：其一，人工智能、云计算、物联网、大数据等技术对零售行业的赋能推动了行业的转型与升级，这些先进的技术为打造新零售模式提供了强大的技术支撑；其二，新零售对消费者的行为产生了一定的影响，主要表现为，在各种技术力量的驱动下，企业能够精准、快速地定位消费者的需求，为消费者推送合乎需要的产品和服务，做到真正满足消费者的需求，企业还能对消费者的个性化订单快速地做出反馈，实现真正站在消费者的角度考虑问题，以满足消费者以购物成本的最小化获得购物价值的最大化的期望，成本包括时间、精力、金钱等，价值指的是服务价值、产品价值；其三，新零售是建立在虚实融合时空中的线上线下一体化的零售新业态，注重线上线下的深度融合，追求线上提供大量的高质产品的同时，重视线下顾客优质的购物体验，致力于实现包括上游供应商和下游消费者在内的供产销各零售环节之间的信息共享与价值共享。

---

[1] 谢晶.基于人工智能的新零售发展趋势研究[J].重庆城市管理职业学院学报，2019,19(2):34-37.

（三）智慧零售与新零售的异同

智慧零售与新零售作为智能新零售的两个组成部分，很好地为我们阐释了何为智能零售，二者作为"智能＋"时代零售行业的新业态，既有相似之处，又存在差异。

二者的共同之处主要体现在以下四个方面：一是在渠道方面，无论是智慧零售还是新零售，都强调将线上渠道与线下渠道整合在一起，构建线上线下于一体的零售渠道；二是二者都将零售的重心进行了转移，不再以"货""场"为重心，而更加注重"人"这个要素，零售活动更多地围绕客户体验来开展，在为用户构建个性化体验场景的同时，尽可能提供高性价比的产品和服务，更多地站在消费者的角度进行业务活动；三是二者的涌现都离不开技术力量的推动，基于此，智慧零售和新零售都高度重视技术的应用与创新；四是行业的性质决定了二者都注重对数据价值的挖掘，用户数据对零售行业而言是至关重要的，对用户数据的正确分析有助于企业做出合理的销售决策，精确定位用户需求，进而提供精准的合乎用户需要的个性化的产品和服务。

智慧零售与新零售也存在差异，主要体现在以下四个方面：一是二者的融合性不同，虽然二者都强调线上线下于一体的渠道整合，但二者的渠道整合形式存在着较大的差异，智慧零售的侧重点主要在功能整合方面，功能协同是智慧零售所追求的，而新零售秉持更加开放的整合态度，其注重功能的整合和形式的整合；其二是二者的目的不同，智慧零售注重构建线上线下于一体的零售场景，尤其重视用户的消费心理，旨在为用户打造更好的实体零售服务，新零售则更注重为消费者提供产品和服务的便利性，注重对行业的改造与升级；其三是技术的应用范围不同，智慧零售对技术的应用多集中于在线应用方面，新零售对技术的应用则侧重于将其应用到整个产业链、整个过程；其四是大数据分析与应用，智慧零售更注重基于消费者个体行为数据分析的精准营销，新零售更加注重个性化的产品需求分析，注重消费者行为数据分析的整体应用。[①]

---

① 中商情报网.2019年智慧零售行业市场前景及投资机会研究报告[R/OL].(2019-10-16)[2019-11-18]. http://t.10jqka.com.cn/pid_114531433.shtml.

三、利好环境：助力行业又好又快发展

随着互联网十年红利的逐渐退去，我国零售行业发展越发举步维艰，传统零售业遭遇行业发展瓶颈，行业急需整改。当前，我国消费进一步升级，消费推动经济增长的作用进一步增强，作为国民经济基础性行业的零售行业，其仍在经济社会中扮演着重要的角色。同时，在政策环境、经济环境、社会环境、技术环境等外部环境助推行业转型升级的背景下，加之各项智能技术的进步及其与各业态的融合，零售行业不断优化其业态结构，与智能技术的融合发展日益紧密，不仅重获了消费者的青睐，还依旧为形成国内强大市场起着重要的作用。

随着经济全球化进程的加快以及大数据、人工智能等智能技术对零售行业的赋能，各零售主体之间的竞争日益激烈，其处于复杂多变的行业环境和激烈的国际竞争冲击中，行业面临的风险和竞争与日俱增。合理分析行业所处的宏观环境有利于企业规避风险，做出正确的零售决策。

基于此，我们引入 PEST 分析法来分析企业所处的宏观环境。PEST 分析指的是对宏观环境的分析，是对影响行业发展的各种宏观因素进行分析。一个行业的发展要受宏观环境的制约，政治、经济、社会、技术等因素都会约束行业的发展，零售业受这些因素的影响更加明显。

（一）政策环境

改革开放以来，我国相对稳定的政治环境以及政府对民营企业发展的支持是我国零售业得以快速发展的宏观政治条件。我国现有的经济体制、国家经济发展的宏观政策都有利于国内民营企业的发展，各省份出台的相关政策也对我国零售企业起到了促进和保护作用。[①] 近年来，零售行业深度变革，各项智能技术逐步在行业内推广与应用，逐步缓解了互联网红利退去、行业缓慢前进的局势，伴随着零售行业基本要素的解构与重组，行业逐步寻求突破发展瓶颈的方法，走上了

---

① 王雪.我国零售企业宏观竞争环境分析[J].山西科技,2014,29(4):12-14.

行业转型之路。为了给零售行业的转型升级营造良好的营商环境，我国零售行业政策持续加码，国家相继出台了一系列政策措施，以助推零售行业又好又快发展。

例如，国务院《关于推动实体零售创新转型的意见》的发布，为我国实体零售的转型升级提供了助力，释放出我国经济的发展活力。其中，促进线上线下融合、创新经营机制与简政放权、促进高频竞争以及减轻企业税费负担等措施成为支持新零售发展的主要保障。此外，海关总署还公布了《关于跨境电子商务零售进出口商品有关监管收益的公告》，为我国跨境电商和商品的进出口提供了政策支持，政策的加持进一步推动了我国跨境电商的有序健康发展。

另外，受中美贸易摩擦的影响，我国的进出口贸易或多或少地会受到冲击，因此，政府和企业应该采取措施来促进国内消费以维持经济增长的良好态势。未来，内需扩大与经济回流将成为经济发展的主旋律。

（二）经济环境

经济环境就是社会的经济状况和国家的经济政策，涉及经济结构、经济发展水平、经济体制、宏观经济政策等，对企业的影响是重大而深远的。在影响零售行业发展的众多因素中，经济环境因素对零售业态的影响最大。经济环境的好坏关乎零售行业的生存与进化，动荡不安的经济环境无疑不利于行业的增长，甚至会阻碍行业的发展，毁坏一国的经济，而在稳定且有序的经济环境下，丰富的物质资源、不断增强的购买力、消费者多样化的需求将有助于行业的健康高质成长。

近几年来，提升效率、降低成本是零售行业一直追求的主题。从某种意义上说，零售行业转型升级与变革的发展过程也是一部营销的进化史。如图6-4和图6-5所示，国家统计局公布的数据显示，近几年来，我国国内生产总值一直呈上升态势，2018年更是达到了历史新高，为90.03万亿元，首破90万亿元大关，按可比价格计算，同比增长6.6%，2018年，按产业结构来看，第一产业同比增长7.2%，第二产业同比增长40.7%，第三产业同比增长52.2%。全国经济呈现出来的平稳增长态势，对我国零售行业的稳步有序发展起到了极强的促进作用。

在消费品零售总额方面，国家统计局公布的数据显示，2018年我国社会消费品零售总额为38.1万亿元，其中城镇消费品零售总额为32.56万亿元，同比

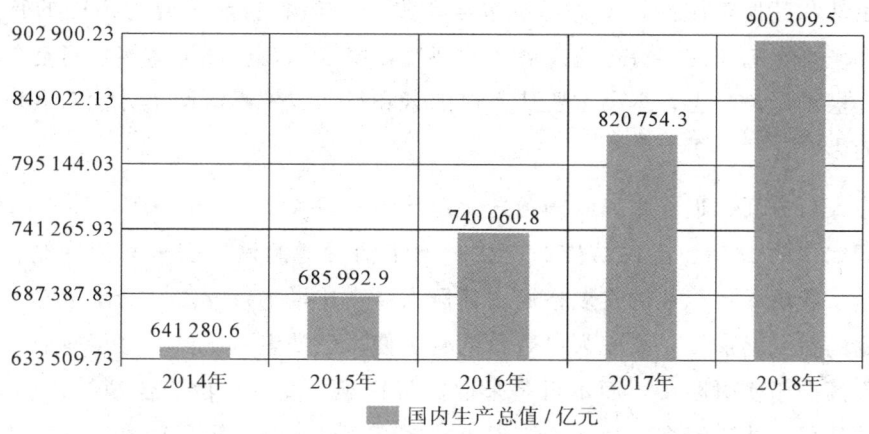

图 6-4 2014—2018 年我国国内生产总值

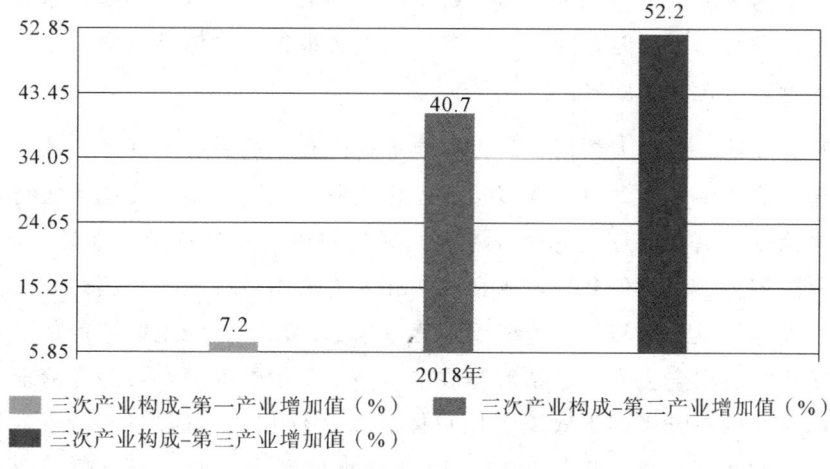

图 6-5 2018 年三次产业构成增加值

增长 8.8%，乡村消费品零售总额为 5.54 万亿元，同比增长 10.1%。按消费类型来看，2018 年餐饮收入为 4.27 万亿元，同比增长 9.5%。按消费渠道来看，2018 年我国网上零售总额为 9 万亿元，同比增长 23.9%，其中实物商品网上零售总额为 7 万亿元，同比增长 25.4%，占社会消费品零售总额的 18.4%。

（三）社会环境

社会环境是指人类生存及活动范围内的社会物质、精神条件的总和，广义包括整个社会经济文化体系，狭义仅指人类生活的直接环境，如家庭、劳动组织、学习条件和其他集体性社团等，按包含要素的性质和功能可分为不同的种类。①社会环境是影响我国零售行业发展的软环境，安定的社会环境为零售行业的健康发展提供了一片沃土，本书主要从人口因素和行业成本因素两个方面对我国零售行业的影响进行分析。

在人口方面，近年来，我国独居人口数量有较大增长，占比从1960年的3%上涨到如今的16%。人口结构的变化影响了消费者的消费需求和消费结构，进而重塑了我国零售行业的发展格局。独居人口占比增加意味着社会上人口数较少的家庭的数量增加了。家庭人口数量的变少使得消费者对生鲜、蔬果等食品类的需求更倾向于实时购买，而不再是采取囤货措施。此外，由于快消行业的崛起，人们的就餐方式逐渐多元化，而不仅仅是家庭烹饪，加之人们消费观念和生活方式的转变，外出就餐、订购外卖等方式备受当今年轻一代的喜爱。因此，在多样的消费需求的冲击下，各大零售商纷纷采取有针对性的措施，例如，永旺、永辉等超市将就餐与超市功能融为一体，在为消费者提供购物体验的同时，还增设用餐区域，顾客可在其中就餐。

在行业成本方面，大数据、人工智能等智能技术的发展及其与实体经济的融合为零售行业提供了新动力，众多实体零售企业面临着转型，传统零售行业的成本高、决策难、商业信息化进程缓慢等发展局限进一步加速了行业转型的进程。当前，我国零售市场竞争激烈，租金成本和人力成本持续上涨。国内电子商务的蓬勃发展给本就竞争激烈的传统线下零售带来了冲击，在线上线下产品、价格差异不断缩小，且租金、人工、物流等成本居高不下的情况下，最终零售业态若要实现利润空间的提升，成本效率和用户体验亟待优化。② 如图6-6所示，从国家统计局公布的数据来看，我国2014—2018年批发和零售业城镇单位就业人员的平均工资逐年上涨，由2014年的55 838元上涨到2018年的80 551元，2018年较2017年同比增长13.13%。传统零售行业在成本上涨的压力之下，迫切需要行业转型与升级来化解成本增加的压力。

（四）技术环境

在万物互联的"智能+"时代，随着各种智能技术与零售行业深度融合，零

---

① 社会环境[EB/OL]．[2019-10-01]．https://baike.sogou.com/v560876.htm?fromTitle=社会环境．
② 中商情报网．2019年智慧零售行业市场前景及投资机会研究报告[R/OL]．(2019-10-16)[2019-11-18]．http://t.10jqka.com.cn/pid_114531433.shtml．

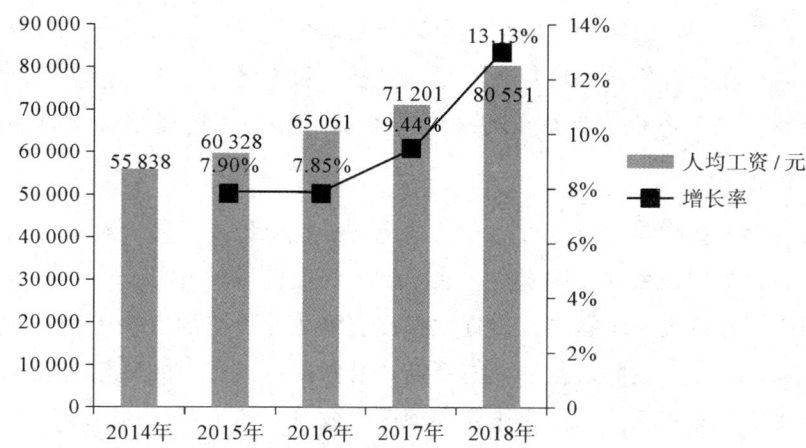

图 6-6 2014—2018 年我国批发和零售业城镇单位就业人员平均工资及增长率

资料来源：国家统计局。

售行业正在经历着变革，以往电视上出现的零售场景正在成为现实，并与我们的生产生活密切相关。科技作为零售行业转型的技术支撑，是未来零售行业转型过程中不可或缺的部分，其对零售行业的影响主要体现在基础技术、平台层面和实际应用情况三大领域。

在基础技术方面，大数据、5G、移动支付技术在零售领域的应用使得零售的渠道逐渐多元化，AIoT 技术的发展为零售行业提供了先进的信息分析工具。例如，抖音短视频的爆火带动了"直播带货"和"粉丝经济"的崛起，为产品的零售创下了巨大的销量。

在平台层面，随着技术对零售行业的赋能，预见到零售未来发展机遇的企业纷纷开始布局智能新零售，一大批电商平台拔地而起。微信小程序等平台集中了大量的潜在客户，各大购物平台的出现更增加了零售行业的线上成交额，这些平台是线上流量的主要入口，在不久的将来，私域流量的使用会变得越来越普遍，甚至有可能成为零售企业的重要流量入口支撑之一。

在实际应用情况方面，技术对零售的赋能使得零售业更加数字化、智能化，催生了一批零售新业态、新产品，无人超市、新石器无人车等场景的落地实施与推广加速了智能新零售的落地实施。

（五）行业政策建议

随着智慧零售和新零售概念的提出，国家出台了一系列支持零售行业发展的政策措施，各大互联网巨头、电商平台以及初创公司等纷纷布局智能零售，在短短的几年内，我国智能零售取得了不错的进展，目前已有一批智能零售产品实施落地。当然，任何一种新业态在涌现的初期都不可避免地要面临各种各样的问题，零售行业也不例外。

当前，我国智能零售行业方兴未艾，零售业在由传统零售向智能零售转型升级的过程中还存在一系列问题亟待解决。例如，在资源整合方面，线上线下的数据资源利用率有待进一步提高，以期挖掘出更多更有价值的数据资源；在区域经济发展方面，各区域之间的发展极不平衡，智能零售产品在东部沿海地区、各大型城市的落地实施程度远高于在中西部地区、农村乡镇地区的。为了更好地推进智能零售的落地实施，急需采取措施化解行业当前面临的难题。

一是积极推进线上线下融合共赢，激发居民消费潜力。我们要在零售转型过程中大力推进线上线下一体化融合。在线上渠道方面，我们要借助于人工智能、大数据等智能技术对消费者的消费行为进行深度分析，挖掘出有价值的数据，为消费者更好地提供个性化、定制性的服务。而在线下渠道方面，我们要利用线上渠道挖掘出来的数据为用户搭建体验式场景，使用户获得更好的购物体验，将线上渠道与线下渠道有机地整合起来，以激发出消费者的消费活力。

二是大力推进新技术在零售业的应用，增强行业发展动力。借助于人工智能、大数据等智能技术对零售行业的赋能作用，搭建起东部沿海地区与中西部地区的物流基础设施，鼓励区域和城乡间积极开展供需对接活动，打破各地之间的渠道壁垒，扩大商品在区域间的渠道，提高商品在区域间的流通效率，进一步释放行业发展活力。

三是要结合具体国情，借鉴国外零售转型过程中面临各种问题时的处理措施，以优化政策监管体系，推动我国零售行业的健康发展。政府加大监管力度以构建信用良好、监管有力、市场有序的市场体系。鼓励企业将信用体系建设纳入企业文化建设中，健全守信联合激励和失信联合惩戒机制。加强个人信息保护，全面规范企业对个人信息的采集、存储、使用等行为，防范个人信息泄露和滥用，加大对窃取、贩卖个人信息等行为的处罚力度，营造公平诚信的市场环境。①

---

① 王锐,蒋亦伟.智能零售风起云涌,数字技术驱动转型升级[J].信息通信技术与政策,2019(4):49-51.

第三部分
智能决策,管理智能

第七章

智能财务：价值创造效力最大化

行业弊端：传统会计行业发展现状
发展动力：基于 AI 的会计发展趋势
行业变革：财务转型的必要性
系统升级：智能财务如何实现智能化

随着社会经济形态的不断加速演变，继互联网、物联网、大数据、云计算等技术之后，人工智能技术逐步进入公众的视野，并成为企业未来发展的技术支撑。在"智能＋"这个大的框架下，将人工智能技术应用于会计领域给传统会计人员带来了强烈冲击，也促进了传统财务会计人员不断吸收新的知识以实现向管理会计人员转型升级。将智能技术与会计工作结合，对会计信息进行充分挖掘，从中发现潜在的资料和规律，或对会计信息进行预处理，可大大减少会计劳动强度，进而通过会计智能化发展实现由传统会计向智能财务的转变。

一、行业弊端：传统会计行业发展现状

俗话说："办经济离不开会计，经济越发展，会计越重要。"一直以来，企业通过加强会计基础工作规范，有序开展会计核算工作；建立内控管理制度，强化财务风险监控，提高会计工作质量。但由于各种原因，企业会计工作仍存在诸多不足。[①] 同时，随着智能技术在各行各业的应用与发展，我国传统会计行业在大数据、人工智能等智能技术的冲击下，弊端逐渐显现，主要表现在会计内部控制、信息管理、职业道德、会计信息披露等方面，存在诸多需要改进的地方。

（一）在会计内部控制方面

当前，我国一些国企存在资金的用途不合理、会计信息时效性差等弊端。究其根源，主要是企业财务会计内部控制的弱化所导致的。内部控制的弱化会导致企业运营效率低下，甚至导致重大财务危机。企业出现的内部控制弱化主要涉及预算弱化、资金控制弱化、监督弱化三个方面。

一是预算弱化。在"智能＋"时代，企业要实现科学化、合理化的经营模式，进行全面的预算管理是不可或缺的。科学而全面的预算管理有助于合理配置资源、调节部门间的利益关系。然而，当前很多企业制定的预算远远超出了其长期的财务目标，以致在同一个企业内部出现了处于不同时期的财务目标断层的现象。无论是在财务预算阶段还是在财务执行阶段，有效的沟通都是财务部门和其他部门之间所缺乏的，从而使得各部门间的信息不流通，某些部门在实际经营中的操作完全偏离了其预算决策所要达到的效果，也就是说，各部门之间的信息闭塞弱化了预算。此外，企业做预算时应该根据各部门各自的特色，有针对性地做符合各部门发展目标的预算，而不是笼统地制定企业整体的预算目标，否则会导致企业各部门不能认真地评估各自的部门目标，难以对本部门负责，从而不能做出准确的预算。这就使得如果监管这一环节在财务预算过程中缺失，则会导致企业难以对经营管理过程中的各种突发状况采取有效的处理措施，甚至会导致企业

[①] 黄正琤.企业会计工作的现状及对策[J].审计与理财,2019(8):39-40.

科学的预算方式失效。问题的根本在于，监督环节在执行过程中出现了缺失，控制环节也很薄弱，最终造成科学的财务预算只浮于表面，其在企业发展的过程中起到的作用微乎其微。①

二是资金控制弱化。企业的资金控制对于一个企业经营状况的好坏是尤其重要的，然而，当前企业内部资金面临管理主体模糊的问题。例如，企业的流动资金的管理主体一直在变化，由财政统一管理，到财政和银行共同管理，再到银行统一管理，流动资金的管理主体交替变更容易造成管理系统紊乱。同时，企业对内部资金的领用存在弊端，如果对资金的调用没有一个完善的制度，一般对资金的调用多遵从企业的领导。此外，虽然企业持有一定的现金有利于企业的资金周转，但现有国企大多持有过量的现金，这无疑不利于企业进行融资，从而使得企业的盈利可能性降低。以上这些问题也说明，若企业资金使用缺乏管理，则会造成资金的使用与回报不能成正比。②

三是监督弱化。无论是社会监督还是内部监督，都有利于企业的稳定有序发展。在社会监督方面，一个企业对外公开的信息一般是有限的，公众难以获取企业经营管理的所有信息，这无疑减弱了社会监督的力度，从而导致公众对企业的监督力度和范围是有限的。而在内部监督方面，虽然企业内部人员能够获取比社会公众更多的关于企业经营的信息，但是由于企业内部各部门间存在信息闭塞、不透明，信息沟通不顺畅，标准不统一等问题，企业内部监督方面还存在一定的缺陷，并不能真正实现完全的监督。在内部监督和社会监督都无法发挥作用时，企业财务处于一个被架空的状态，财务去向只能凭借一串数字来解释。企业内部财务监督的弱化，不仅会使企业公信力缺失，还会使企业内部滋生的贪污腐败问题越来越大。③

（二）在信息管理方面

企业的财务现状反映了企业的财会信息，而只有准确的财会信息才能正确地反映一家企业的实际经营状况，才能使企业对发展状况有清晰的认识，从而有助于企业做出合理的经营决策。

---

① 王琴.企业财务会计内部控制制度的现状及完善[J].中国乡镇企业会计,2019(3):223-224.
② 同上.
③ 同上.

当然，要使财会信息准确有效，首先需要知道财会信息所具有的特性。虽然我们能够从各式各样的渠道获得企业的会计报表、经营现状、现金流量等公开信息，但是这些信息都只是最后的结果，而这些信息的产生过程究竟是怎样的，社会公众不得而知，甚至企业内部的部分人员也难以获取信息产生的具体情况，只有少数财会人员明晰这些信息的具体产生过程，这些保密的财会信息使得会计信息管理具有隐私性。除此之外，企业的财会信息是由各个部门的信息汇总而成的，各个部门之间无法割舍的千丝万缕的关系使得财会信息之间具有关联性。

然而，企业财会信息管理方面存在着诸多不足。例如，一些企业并未制定完善的企业经营管理制度和财会管理制度，企业内部缺少明确的制度对其行为和经营过程进行管理与监督。随着人工智能、大数据等智能技术对行业的赋能，出现了一大批新型的智能产品，这些智能产品的使用要求财会人员具有强硬的专业素养和专业知识，然而，传统会计人员大多不具备操作新型财务智能产品的素养和能力。虽然各项智能产品相继落地实施，但是大多数企业还未引进这些智能产品，对这些智能产品持观望态度，依然使用传统的财会管理制度，从而在很大程度上限制了企业管理效率的提高，拉低了企业财会信息管理的进度。[①]

（三）在职业道德方面

近几年，随着社会经济的飞速发展，会计行业的从业人员急剧增加，高等职业教育院校扩大了对会计专业的招生。然而，随着会计人才市场的不断扩大，会计行业从业人员两极分化的趋势日趋明显，基层的会计人员占据了会计行业从业人员的半数，而高级会计人员却严重匮乏，专业资深的会计人才的缺乏使得传统的会计行业难以满足国家和行业发展的需要。

在日渐扩大的会计市场里，难免会出现为了一己私欲的会计人员利用自身具有的专业优势伪造、捏造会计信息，帮助企业或个人进行财务造假，做假账以避税漏税等。同时，有的院校缺乏培养学生会计职业道德规范的环境，会计教育的教学重心主要集中于培养学生的专业知识，而极少强调会计人员的职业道德规范，甚至还有许多非会计专业的毕业生从事会计工作，从而使得大量初入职场的会计从业人员的会计职业道德观念薄弱。

---

① 杨勇.财会信息管理存在的问题及对策[J].财经界(学术版),2019(19):133-134.

此外，我国会计体系尚未形成统一的规范，会计人员的行为未受到特定部门的监督，即使会计人员或企业做出违背职业道德的事情，也无法快速地被现有体系察觉，这种规范和监察系统的缺失给了部分职业道德不够高尚的会计人员钻漏洞的机会。①

（四）在会计信息披露方面

企业的财务报告是会计信息的载体，由财务报告可以解读出某个企业的财务状况和经营成果，也就是说，可根据某个企业的财务报告知道该企业的运营状况。正因如此，很多企业在公开其财务报告时会倾向于公开披露对企业有利的信息，而对于那些对企业不利的、会产生负面影响的信息，企业会选择性地回避，从而易于造成会计信息失真，影响社会公众对该企业的评估。企业在会计信息披露方面主要存在以下问题。

一是信息披露不完整、相关性差。一方面，企业财务报告中公开的信息是已经发生的，而企业的公司战略和发展规划等反映企业未来经营阶段的信息并未公开，也就是说，企业向外界披露的信息中缺乏前瞻性和预测性的信息。另一方面，企业倾向于披露会对其产生正面影响的信息，而尽量不向社会公众公开负面的信息，使得企业所披露的信息是不完全的，企业甚至会选择性地披露对其有利的重大事项，而不披露全部，这违背了企业经营的重要性原则。这种选择性披露或者披露不明确的不完全信息会影响公众做出投资等决策。

二是信息披露的时效性差，滞后性严重。国家规定，企业对外公布年报的时限是最迟于下一年的四月公布上一年度的年报，于是，大多数企业会选择在最后期限才对外公布，甚至有些企业会延迟对外公布年报的时间，而相对于有的国家在会计年度结束后的2个月内公布年报，我国这种在4个月内对外公布的时限确实长了一些。时间越久，年报所反映的企业会计信息的时效性越差，可供参考的有价值的信息就越少。

三是信息披露的重复性太高。企业总是希望其企业形象在社会公众心目中是良好的，所以会回避那些不利信息，而对于那些不重要的、对企业产生正面影响或者影响不大的信息，企业会反复披露。在不影响财务报告字数的同时，重复披

---

① 奉蛟龙,范程博.我国会计职业道德若干问题的探讨[J].财富时代,2019(9):132.

露必然会增加财务报告使用人的使用时间,混淆使用者的视线,降低使用者的使用效率。[①]

二、发展动力:基于 AI 的会计发展趋势

互联网、大数据、人工智能等智能技术与实体经济的深度融合,不仅重新定义了人们的生活,还深入经济社会的各行各业、各个领域,并且给这些行业和领域带来了巨大的变化,其中会计行业尤为典型。科学技术的每一次进步与发展都会对会计行业产生强烈的冲击。例如,会计行业最初是由人工进行账务处理的,随着互联网与行业的结合日益密切,会计处理逐步由财务软件记账替代了人工记账,随后人工智能等智能技术与会计行业密切联系,一批智能财务机器人将参与财务工作,必将重塑会计行业的发展模式。在新的时代背景下,面对行业巨变,会计相关人员与机构又该如何应对呢?

(一)人工智能对会计行业的影响

第一,人工智能重新定义会计软件。人工智能的核心是机器学习算法,机器学习算法是使计算机实现智能的根本途径,起着加快会计过程和会计处理的作用。人工智能将通过费用代码自动化、银行对账单自动化这两方面来将机器学习整合到会计软件中,进而为企业节约更多的时间以开展更高难度的会计工作。

每个企业在生产经营过程中都会不可避免地产生费用,因业务活动不同,各企业所产生的费用类型也不同。为了便于进行业务处理,每种费用都被赋予了一个专属的代码,然而业务类型的多样使得费用代码众多,这就导致企业在使用费用代码对各种费用进行分类与输入系统时很容易出错。随着基于云计算和人工智能技术的会计软件的研发与应用,将机器学习算法嵌入会计软件中能够将人工操作所犯的费用代码错误最小化。智能会计软件的工作机制是借助于机器学习算法的学习能力,对所有的费用提供合适的代码,通过分析与修正能力对业务信息做

[①] 李晓岩.企业财务报表披露问题的研究[J].中外企业家,2019(32):46.

出正确的处理，提出可靠的建议。

在云计算和人工智能等智能技术的驱动下，Xero等会计软件提供了自动银行和解功能，通过人机交互，会计软件能够自动搜索和匹配交易，能够根据自动导入的银行单据自动地生成凭证，还可以根据会计需求手工设置银行账户和添加相应的业务类型，进行银行自动对账。

第二，人工智能重新定义财务工作。当前，人工智能在会计领域的应用尚处于起步阶段，一些诸如会计记账等的简单的会计职能被人工智能取代，但还未涉及监督、分析、预测、决策等比较复杂的会计职能。然而，随着新一代信息技术的进一步发展，在不久的将来，这些职能也终将被取代。人工智能在会计领域的应用重塑了会计行业的发展模式，重新定义了财务工作。

人工智能有助于简化烦琐的财务工作，提高财务工作效率。我们知道，会计核算涉及设置会计科目、记账、填制凭证、登记账簿、成本、财产清查、编制会计报表[1]等大量手工操作的重复率高的财务工作。这会耗费大量的人力，而且高度烦琐且重复的工作容易出错且效率低下。人工智能会计日益普及与改进，其不仅能够从事大量重复繁杂的工作，还能够自动扫描和编制凭证、核算数据和编制会计报表，可高效地完成一系列的财务核算工作。同时，人工智能会计能够对相关法律法规的变更做出积极响应，并使企业迅速适应外界环境的变化，为企业开展业务节省了大量的时间，大大地提高了财务工作的效率。

人工智能可以有效避免信息失真，提升信息质量。人们在从事大量烦琐的工作时难免会出现错误，这就降低了会计数据的准确性，甚至部分人员会在利益的驱使下篡改数据，进而导致会计信息失真，这无疑欺骗了相关投资者和股民，损害了他们的利益，人工智能的应用则可以减少这一现象的发生。人工智能在开展财务工作时，可以利用现有的会计信息和会计模型对会计数据进行推理与判断，进而识别出虚假信息，避免了数据造假。此外，人工智能会计突破了传统会计中人力和时间的局限性，其应用范围涉及对所有的会计信息和财务进行全方位的反映、核算、监督和经营决策，实现了对会计工作各个环节的全覆盖，在保证会计信息准确率的同时，进一步提高了财务信息的质量。

---

[1] 杨昕晖.浅析会计核算和财务管理在企业经营中的科学应用[J].中国乡镇企业会计,2016(12):135-136.

（二）会计智能化的应对措施

面对纷繁复杂的内外环境的变化，企业财务面临着内部产业结构调整、外部智能技术冲击的双重压力，不得不进行转型升级。而对处在"智能＋"时代的企业来说，要适应行业发生的这些变化，就要做到以下三点。

首先，对会计行业从业人员而言，一方面，人工智能、大数据等智能技术为会计行业带来了众多高科技的应用，会计人员如果仍以传统的观念进行财务业务操作，终有一天会被人工智能取代，因此，会计人员要想在激烈的市场竞争中脱颖而出，为企业贡献自己的一分力量，就要将自己的思维从传统会计的观念中解放出来，并保持严谨的工作作风，这样才能为企业创造更大的价值。另一方面，智能技术在对会计行业赋能的同时，也对会计人员提出了更高的要求，会计人员不仅需要牢牢掌握基础知识，还需要注重提升自身的工作素质。会计人员的思维和学识应当紧跟时代发展潮流，当今各行各业高度重视技术力量对行业所产生的重大影响，会计人员应当时刻提醒自己加深对专业知识的学习，还要密切关注信息技术发展，以更好地利用各项智能技术和各种智能财务软件，为企业的进一步发展添砖加瓦。

其次，从企业的角度出发，人才对一个企业经营状况的好坏起着至关重要的作用。基于此，在"智能＋"时代，一个企业要想在严峻的市场环境中占据一席之地，引进高素质的人才是必不可少的。对会计行业而言，智能技术所造成的冲击影响是相对较大的，基于人工智能等智能技术研发的各种智能财务软件具有相当强的专业性，需要专业的会计人员进行操作，传统会计人员一般是难以操作这种智能财务软件的，各大企业当前在财务管理方面的人才仍存在较大的缺口，企业在使传统会计人员转型升级从而具备操作智能财务软件的能力的同时，还需要引进复合型的财务技能人才，以最大限度地发挥智能财务软件的作用，实现会计智能化。

最后，从智能软件自身出发，我们要优化智能化信息系统，提高技术风险防范能力。[1] 会计信息处理智能系统之间的关系十分密切，如果发生系统崩溃，一定会给公司会计工作带来非常严重的影响，因此，必须通过定期维护和检查智能会计系统来核查系统设置的合理性，再利用网络信息安全技术提高对风险的预防

---

[1] 何琴仙.大数据背景下会计信息处理智能化研究[J].财会学习,2017(21):127,129.

能力。同时，为避免突发意外情况使企业会计工作崩溃，必须要提高风险应对能力。

三、行业变革：财务转型的必要性

人工智能是大发展大变革的世界浪潮中不可逆转的历史大势，智能技术的应用与发展使得人工智能成为企业经营过程中的得力助手。新一代信息技术的进步及其与会计行业的深度融合发展推动财务会计发生变革，使得传统的财务会计工作走向以会计电算化为标志的第一次财务变革，之后逐步发展为以财务共享服务为标志的第二次财务变革。当前，会计行业正面临第二次财务变革的重大历史机遇。

（一）财务会计与管理会计

会计指的是"以货币为主要的计量单位，以凭证为主要的依据，借助于专门的技术方法，对一定单位的资金运动进行全面、综合、连续、系统的核算与监督，向有关方面提供会计信息、参与经营管理、旨在提高经济效益的一种经济管理活动"。根据会计的定义，不难发现会计的本质在于管理。随着会计信息化日益普及与完善，会计的基本职能发生了变化，参与企业的管理决策职能取代了原来的核算职能。

很多人对会计都产生了错误的认知，大多数人把会计等同于财务会计，这是我们思维的误区。要正确认识会计，就得明确会计的分类。根据不同的分类标准，会计可分为多种类型，其中，按照报告对象的不同，可将会计分为财务会计和管理会计。

财务会计是企业会计的一个分支，其实质是报账型的会计，主要反映的是已经实际发生的经济业务，并通过资产负债表、利润表、现金流量表等财务报表反映企业会计数据信息，进而为企业外部与企业有经济利害关系的投资人、债权人和政府有关部门提供企业的财务状况与盈利能力等经济信息，以使其清楚公司的财务状况，主要趋向于向企业外部提供相关财务报告信息。

相较于财务会计来说，管理会计虽然也是企业会计的一个分支，但它不仅能对过去所发生的交易事项进行分析，还能借助于当前所能获得的各种会计信息与相关资料对未来的经营发展进行预测与规划，横跨过去、现在、未来三大时间领域。管理会计分析研究的问题是经营过程中的特定问题，以公司内部为主要对象，服务于公司内部管理，更注重管理在经营活动中所扮演的角色，实施事前、事中、事后控制以实现总结过去、控制现在、规划未来的目的。企业的财务状况和经营成果是财务会计着重强调的，而管理会计并不局限于此，其强调的范围更广，注重数据的可视化来为经营决策提供参考依据，亦可称其为分析报告会计，其最终目的是提高企业的经济效益。

随着人工智能技术催生了新的产业结构和新的商业模式，在贯彻新发展理念的同时，我们应具备敏锐的观察力，洞察人工智能技术在会计行业的应用给行业带来的冲击。面对这些新机遇与挑战，会计人员又该如何应对呢？

（二）财务会计向管理会计转型的必要性

智能技术的高自动化水平减少了很多人工录入、整理、统计和基础数据分析的工作，财务会计的普通核算工作将被取代。面对复杂多变的世界环境，尤其是在"大云物移智"时代，企业要想突破重重困局，走在行业发展前沿，必须要从众多的信息中快速捕捉有用信息，同时借助于各种智能技术精准定位企业方向及提高会计人员的观察力和洞察力，进而使企业在激烈的市场竞争中脱颖而出，占据一席之地。此外，企业财务人员面对当前形势，必须清晰地认识并接受变革，财务会计向管理会计转型是必然趋势。[1]

随着人工智能技术对会计行业造成冲击，传统的财务会计已无法满足企业生产经营管理的需要。在这样的行业背景下，财务会计向管理会计转型顺应了历史发展的潮流，是行业发展的必然趋势，我们要坚持以价值创造为导向助力财务转型。

财务会计向管理会计转型是人工智能时代发展的需求。我们知道，传统的财务会计工作存在获取的数据信息准确性低和时效性差的局限，在保证会计数据信息准确性的同时难免会延缓获取信息的时间，降低其时效性；若为了保证时效

---

[1] 李娜.浅谈人工智能时代财务会计向管理会计转型[J].中国集体经济,2019(27):145-146.

性，则可能不去辨别所获信息的真伪而笼统接收，这很容易导致数据信息错误。传统的财务会计工作难以为企业经营者提供即时且准确有效的数据信息，其落后的会计职能无法满足企业生产经营的需要。同时，近年来随着人工智能与财务会计的融合日益紧密，财务数据的有效分析提高，看到人工智能使得对财务会计的需求减少，我们不禁产生了在未来的某一天人工智能是否会完全取代财务会计工作的担忧。为了避免被时代淘汰，财务会计向管理会计转型是企业可持续经营的必由之路。而如何做出最佳决策是企业管理会计的着重点，管理会计能综合分析历年数据并做出有效决策，提前评估预判风险，填补了财务会计所匮乏的部分。

随着人工智能在会计领域的逐步深入，管理会计所掌握的统计核算正被人工智能所具备的高效快速逐步替代，形成人工智能与管理会计人员智能互补的作用。管理会计人员为企业提供的合理分析恰好符合现代企业发展的时代需要，财务会计的转型是企业提升市场竞争力的必然选择。[1]

财务会计向管理会计转型是应对严峻的市场形势的需求。当前，我国财务从业人员的人数高达2 000万，其中有一半的人员从事着简单重复的基础财务工作，低端财务会计人员已趋近饱和，而高端管理会计人才稀缺，据中国注册会计师协会原秘书长丁平准透露，国内管理会计人才存在高达300万的缺口。在严峻的市场形势的驱动下，企业纵观全局，减少了财务会计人员的市场需求，转而寻求更多的管理会计人员。面对竞争日益激烈的会计行业，传统财务人员不仅要与管理会计人员竞争，还要与人工智能竞争，因此，传统财务人员若不想被人工智能和管理会计人员淘汰，就要转变思维方式，自觉学习新知识以顺应发展趋势，保持良好的竞争价值，实现向管理会计人员的转变。

财务会计向管理会计转型是响应国家经济转型的需求。我国历经四十多年的改革开放，凭借得天独厚的自然资源和人力资源，依靠低廉的成本大力发展出口导向型经济，一跃成为世界第一大贸易国、第二大经济体，综合国力水平显著提高，人民生活质量明显改善，所取得的成就是举世瞩目的。然而，随着人口红利消失、资源过度开发与利用，为了更好地贯彻落实经济高质量发展战略，我国经济走上了转型升级的道路。当下是我国经济转型调整最为关键之时，是由粗放型经济向集约型经济转型的关键时期。我国企业要提高自身精细化管理的水平和能力，这样才能在大规模转型的浪潮中生存下来，而管理以财务管理为基础，这无

---

[1] 张涛.浅议人工智能时代财务会计向管理会计的转型[J].中国商论，2019(16)：24-25.

疑为管理会计提供了大展身手的广阔舞台。因此,在我国经济转型的关键节点和国家宏观政策的驱动下,财务会计应顺应发展大势向管理会计转型升级。

(三)财务会计向管理会计转型的策略

财务转型与企业转型息息相关,是企业转型的关键。当下,人工智能等智能技术正在以人们难以想象的速度深刻影响着会计行业,企业的财务工作要想在技术力量的驱动下实现由财务会计向管理会计的成功转型,合适的策略和措施是必不可少的。

首先,财务工作者要形成观念转变、职能转型的意识。企业财务从业人员的专业能力在企业经营中是至关重要的,尤其是在以信息为驱动力的时代,技术力量的发展壮大使人工智能逐步取代了烦琐的人工操作。例如,传统会计中做会计分录、填制原始凭证和记账凭证等简单的财务工作已不再依赖人工,而是被人工智能替代了。随着技术的发展,财务从业人员要能够从传统的观念里走出来,应具备敏锐洞察对企业有价值的信息的能力,具备从专业的业务视角为企业提供有价值的决策建议的能力,具备以专业知识指导新技术运用的能力。

其次,企业要进行内部结构的优化,转变财务管理理念。人工智能在开展财务工作时,不仅保证了时效性,其运营成本也远低于人工会计。此外,财务人员在提升自身财务素养的同时,应结合人工智能为行业提供的便利,对企业财务结构进行优化和调整。在企业内部的财务人员完成转型后,企业财务组织也应进行相应的调整,进而使得组织结构转型。而在人工智能取代数据统计核算的会计职能后,财务组织结构应当做出合理调整,财务会计岗位可以适当减少,主要用于对数据的校对。[1]

最后,会计从业人员要强化自身的综合素养,企业要引进管理会计人才。在由财务会计向管理会计转型的过程中,会计人员需要具备合格的职业素养和专业的业务能力,以利于实现完美的财务转型。财务会计工作岗位不同,其职能也不同,这造成了不同岗位之间供需不匹配。财务会计与管理会计具有不同的职能,管理会计具备了绝大多数企业生产经营中所需的职能,管理会计人才是企业目前尤其欠缺的,而实际上具备管理会计能力的人才严重匮乏,进而出现了企业对管

---

[1] 张涛.浅议人工智能时代财务会计向管理会计的转型[J].中国商论,2019(16):24-25.

理会计人才的需求远远大于管理会计人才的供给,导致了极其严重的两极分化现象。因此,企业在转型的过程中,除了要引进管理会计人才之外,还要将现有会计从业人员往管理会计的方向引导,使其适应新的职能,只有采取引进人才与现有人才转型升级相结合的方法,才能改善企业内部各种不合理的现象,缓解管理会计人才短缺的局面,并最终使企业整体的财务水平获得质的提高。

四、系统升级:智能财务如何实现智能化

智能财务以大数据、云计算、人工智能等智能技术为支撑,力求在财务工作的全过程实现智能化,主要表现为以数据发现、智能决策和智能行动为核心的智能管理系统,可以帮助决策层进行智能判断、策略生成和策略选择。[1]

一个完整的智能财务体系应涵盖以下三个横向发展层面:一是基础层——财务机器人的使用旨在实现流程自动化,这是实现智能财务的基础环节;二是核心层——借助于业务和财务相融合,即我们所说的业财融合,以此来构建智能财务共享平台,智能财务共享平台是智能财务的核心;三是深化层——以商业智能为导向,构建智能管理会计平台。此外,智能财务体系还涵盖了基于人工智能技术的智能财务的纵向发展层面。

(一) 基础层——流程自动化

随着四大会计师事务所相继推出财务机器人从事财务会计工作,机器人流程自动化(RPA,Robotics Process Automation)逐渐为人们所熟知。据普华永道会计师事务所(PWC)所言:"RPA是一种智能化软件,通过模拟并增强人类与计算机的交互过程,实现工作流程中的自动化。"近年来,RPA发展迅速,市场份额从2017年的5.19亿美元增长到2018年的8.46亿美元,增幅高达63%,2018年,多数欧美大型企业已应用该技术,我国的快速增长则从2019年开始。RPA在会计领域的应用主要涉及两个方面:一是实现账务处理自动化的财务机器人,二是实现税务处理自动化的税务机器人。

---

[1] 韩向东,余红燕.智能财务的探索与实践[J].财务与会计,2018(17):11-13.

RPA 可以替代人工，高效自动地完成传统财务工作流程中重复性强、结构化、技术含量低的工作。图 7-1 所示的安永 RPA 不仅可以模拟人类，还可以利用和融合现有的各项技术实现流程自动化的目标。财务机器人通过编制并发布机器人指令给机器人服务控制器来分配任务，并对其执行过程进行监督，通过与业务程序交互，对结果进行审查与评估，最终完成任务。

图 7-1　安永 RPA

（二）核心层——智能财务共享平台

近年来，共享服务深入各行各业、各个领域。共享服务将共性较强的业务从原部门分离，然后整合在一起，使其可以被同一机构的多个部门使用，较为典型的部门是财务部门，财务共享是经济发展放缓和全球化扩张的产物。

传统财务共享模式基于传统财务模式下的财务集中处理，而传统的财务体系存在诸多弊端：一是分离了财务流程和业务，致使财务流程的诸多环节出现冗余；二是时效性差，由于账务处理时间滞后，以致所提供的财务信息无法及时反映现实状况，进而影响企业决策；三是获取的财务信息片面、失真大量存在，影响企业管理。传统的财务体系存在的严重弊端使得传统财务共享模式并不能为会计行业创造大量价值，其创造的价值总是难以达到预期的效果。在智能技术的驱动下，传统财务共享中存在的环节冗余、信息滞后、管理不当等弊端得以改进，财会人员逐步跳出传统共享模式的思维局限，更多地关注业财税融合，竭力构建智能财务共享平台。

众所周知，财务只有与业务真正融合才能发挥出价值创造的效力。然而，业财融合提了很多年，在企业中却很少成功落地。[①] 在传统财务共享模式中，业务

---

① 韩向东,余红燕.智能财务的探索与实践[J].财务与会计,2018(17):11-13.

流程、会计核算流程、管理流程是相互分离、没有进行有机融合的，如今，随着云计算、人工智能等智能技术对传统财务共享模式的冲击，智能技术作为一种技术手段将这三个流程有效地完全连接了起来，进而产生了业财有机融合，实现了业财深度一体化的智能财务共享平台。

智能财务共享平台在对传统财务共享平台的弊端进行改进的过程中，还对其优点进行了吸收。在优化传统财务共享平台的基础上，智能财务共享平台将共享领域从记账算账领域延伸到业务端领域，还增添了商旅共享系统、税务共享系统等创新模块。之所以把智能财务共享平台称为智能财务的核心环节，是因为其在智能财务中可谓起着承上启下的作用，向前打通财务和交易，向后支撑管理，使得企业回归以交易管理为核心的运营本质，重构传统财务处理流程，进而实现交易透明化、流程自动化和数据真实化。①

（三）深化层——基于商业智能的智能管理会计平台

当人们徜徉在信息技术的海洋里的时候，海量的数据正以不可阻挡之势充斥着人们的视野，那么，企业如何在错综复杂的海量数据中提取所需信息呢？这时需要借助于商业智能（Business Intelligence）进行信息的处理。商业智能通过收集来自不同数据源的数据，提取整合出正确有效的数据，而后进行数据分析与处理，以支持企业的分析决策并实现其价值。基于商业智能的智能管理会计平台充分利用商业智能模型化、多视角、大数据和灵活性等技术特点，使企业可以获得贴合不同用户需求的多维度、立体化的数据信息，进而对管理者的决策过程提供智能化支撑。②

（四）纵向发展——基于 AI 的智能财务平台

随着会计行业在数字化、平台化、生态化的发展道路上越走越稳，信息处理平台逐渐朝着智能化方向发展。会计行业经历了电算化和信息化的过程，然而，在电算化和信息化的发展阶段，虽然部分业务活动借助于软件系统实现了会计电算化，业务流程实现了自动化，但是在这一阶段，财务软件和会计人员并不是融为一体的，而是相互分离的，这在本质上并没有改变财务处理的流程和基本的组

---

① 韩向东,余红燕.智能财务的探索与实践[J].财务与会计,2018(17):11-13.
② 同上。

织结构。①

当前,行业正大力构建智能财务平台,同时有一部分企业已将智能财务平台投入使用,如基于人工神经网络的会计要素自动确认过程,此种智能财务平台已实施落地并被广泛使用。随着"智能+"时代的到来,各种智能技术的冲击带来了商业环境的急剧变化,传统的会计数据处理方法也面临新的挑战。在整个会计史中,信息技术不可避免地引发了会计革命。信息系统经过会计信息化和管理信息化后,逐步朝着智能化的方向发展,会计信息系统将来的发展一定会很大范围地使用智能信息系统,利用这种数据处理技术来探索从经济事务向会计信息的转变。

人工智能包括的技术众多,当前,与智能财务相关的信息技术主要有模式识别、人工神经网络、专家系统、自然语言理解、知识图谱等。智能财务平台的构建离不开智能技术的支撑,技术对行业的赋能催生了一批智能财务产品与智能财务平台,例如,智能财务平台有基于大数据和智能算法的全球资金管理平台。行业数字化、智能化有助于提升企业的全球资金管理能力,赋予了资金管理更加智能、便捷的能力,各种智能财务平台的出现为企业会计工作的开展提供了更加高效、便利的条件。

会计具有几千年的发展史,人们会制造和使用工具时就有了最初的结绳计数等简单的会计雏形。从最原始的结绳计数到如今逐渐显现的智能会计,会计行业实现智能化并不是一蹴而就的,而是一个循序渐进的过程。作为智能财务的主体,企业可以借助于政府的引导作用,利用市场的机制协同多方社会力量,有计划、有步骤地完成智能财务的发展目标。② 基于上述分析,企业要实现智能财务,应遵循以下几个方面的行业智能化发展路径。

一是企业要想让智能技术最大限度地发挥其对行业智能化转型的技术支撑作用,首先要对智能财务的发展趋势有一个明确的认识。传统会计行业如果不能顺应"智能+"时代的发展潮流进行转型升级,终有一天会被人工智能取代,因此,企业要想永续经营,必须与时俱进,正确认识由财务会计向智能财务转型的必要性,紧跟企业发展的战略目标,始终让智能财务建设与企业发展的战略保持

---

① 刘勤,杨寅.智能财务的体系架构、实现路径和应用趋势探讨[J].管理会计研究,2018,1(1):84-90,96.

② 同上。

一致。

二是企业在转型升级的过程中，不应盲目地进行，而应结合自身的实际情况，制定一个长期发展规划，井然有序地根据企业的长期发展战略进行转型升级。无论在企业经营的哪个过程中，技术的投入使用都应该寻找合适的契机，选择合适的切入点，并随着建设的逐步推进，从技术、组织和管理的角度，分阶段、分模块，有计划、有步骤地展开。[①]

三是企业应当对管理机制、组织架构、业务流程和信息系统进行调整与规划，使其适应"智能+"时代智能财务的发展趋势。在管理机制方面，应当随着新时代、新形势、新要求的发展趋势做出相应的调整，建立健全企业管理机制，完善企业的内部管理，在激励制度和约束机制的双重作用下，更大限度地激发企业的发展活力。在组织架构方面，要剔除传统的组织架构惯例，搭建科学的组织架构。在业务流程方面，通过对业务流程进行重组，优化业务流程，搭建科学高效的业务流程。在信息系统方面，借助于智能技术对信息系统进行改造与升级，使其适应智能财务转型的发展需要。

四是企业在智能财务转型升级的过程中，应当从社会全局出发，兼顾方方面面，充分地考虑财务转型过程中面临的各种问题及其对社会产生的影响，同时要注意发展过程是否符合国家相关法律法规的要求和信息技术的内在发展规律，还需要对每一项重要的变革进行伦理分析，确保智能财务向着对人类有利的方向发展。[②]

---

① 刘勤,杨寅.智能财务的体系架构、实现路径和应用趋势探讨[J].管理会计研究,2018,1(1):84-90,96.

② 同上。

第八章

智能金融：全面赋能金融机构

金融革命：人工智能驱动金融转型
智能科技：构建新型金融业态
科技赋能：商业银行的智能转型之路

纵观金融科技的发展历程，金融行业的每一次进步与升级都离不开新兴技术的推动。从信息技术的电子化到网络化，再到移动化，而后到如今的智能化，金融行业一直紧随着信息技术的发展而升级。在"智能+"时代人工智能催生新业态的发展浪潮中，人工智能与金融行业的全面融合与发展催生了金融革命。人工智能的应用覆盖金融业各个领域，智能监管、智能投顾、智能风控等金融科技产业出现，全面赋能金融机构，深刻影响了传统金融的产业格局，使金融行业进入了以金融脱媒、虚拟渠道、个性服务、生态模式、决策智能为基本特征的智能金融时代，从而重塑了金融市场、金融机构、金融消费者、金融风险管理以及金融创新的发展模式，对金融行业产生了颠覆性的影响。

一、金融革命：人工智能驱动金融转型

当前，人工智能技术在全球范围内蓬勃兴起，为经济社会发展注入了新动能。随着智能技术与各行各业的融合日益密切，人类正迈向智能新时代。人工智能与金融行业的深度融合为传统金融提供了转型升级的契机。人工智能等智能技术正在重塑金融行业，对金融行业产生了重大影响，勾绘出智能金融的美好蓝图。

（一）互联网金融现状

互联网金融是有别于传统金融、以互联网技术为搭建平台的金融模式。互联网金融有广义与狭义之分：广义互联网金融是指新型资金融通模式，是网络信息技术与金融服务的完美结合，既包括传统金融机构借助于互联网技术的高效性、便利性提供线上服务，又包括利用新生金融模式开展金融业务；而狭义的互联网金融专指运用互联网平台提供金融服务、开展金融业务的新型金融模式。[①]

互联网金融的本质仍是金融，而互联网只是搭载平台。人们随处可见的网络支付以及小型网络信贷是互联网金融的主体。随着互联网技术的普及，使用微信、支付宝等第三方支付平台进行交易的人数日益增多，基于互联网技术的第三方支付逐渐取代了现金支付，市场占有率逐步扩大，给消费者的日常生活提供了便利。

在金融衍生品市场上，互联网金融的发展为人们提供了理财产品和信贷产品等金融衍生产品。互联网金融衍生产品相对于传统金融机构来说，具有利率高、门槛低等优势，得到众多消费者的青睐。然而，我国在金融衍生品市场的起步较晚，市场结构仍需进一步改进完善，且交易品种匮乏，难以满足消费者多样的需求。

金融行业由传统金融向互联网金融转型的过程确实给人们的生活带来了诸多便利，然而，互联网金融在创造更多价值的同时，也带来了新的金融风险。

一是国家对互联网金融的监管没有形成统一的标准，尚未建立健全监管法规。当前的立法大多是针对传统金融的，而关于互联网金融的立法尚未完善，这

---

① 徐波. 我国互联网金融现状及风险探究[J]. 经贸实践, 2018(3): 138.

就使得互联网金融纠纷时有发生甚至互联网金融诈骗频发。同时，国家对互联网金融进行管制的力度难以把握，如果一开始对互联网金融的管制力度过大，则可能将互联网金融扼杀在摇篮里，而如果降低互联网金融的准入门槛，则可能会存在企业贸然进入互联网金融市场导致一系列经济风险而造成经济损失。

二是花呗等互联网借贷平台对用户的审核力度偏低，这类平台的交易数据并未纳入个人征信系统，可能造成一定的信用风险。而各种P2P平台也缺乏个人资质的审核，借贷者上传个人身份信息和财产信息就能轻松借款，无法准确判断借款人的借款资质，此外，也十分容易引发道德风险。[①]

三是互联网金融面临着网络安全风险。从字面意思来看，互联网金融是依托互联网技术开展金融业务的，然而，当前人们的网络安全意识薄弱，且网络安全知识的储备严重不足，利用互联网办理金融业务时易遭受黑客的攻击，导致客户信息被盗窃，客户及金融机构的利益严重受损。[②] 随着互联网技术与金融行业的联系日益紧密，借助于互联网开展的金融业务日益增多，同时存在着严重的消费者个人信息泄露现象，许多不法分子利用窃取的个人信息进行网络诈骗。近年来，电信诈骗、金融诈骗等利用用户个人信息牟利的现象频繁出现，不法分子进行互联网金融诈骗的方式和种类也日益增加，如P2P骗局、身份证贷款骗局、互联网理财产品骗局等。当然，以上互联网金融骗局的本质特征是一样的：其一是高息的诱惑，例如，在国有银行一年期存款的基准利率为1.75%时，e租宝的存款利率却高达14%，甚至在国家实行降息政策时其利率却并未下降；其二是这些平台投入了大量的资金进行广告宣传，无论是在校园还是在各大闹市里，关于高息存贷款的海报、传单等都铺天盖地袭来，甚至电视频道也在播放e租宝的理财产品。

（二）人工智能对金融行业的影响

在经济全球化的冲击下，金融行业发展迅速，但互联网金融逐步显现瓶颈。在人们迫切寻求应对措施之时，以大数据和云计算为底层技术支撑的人工智能技术为突破互联网金融瓶颈提供了有效的解决方案。人工智能技术与金融行业的融合顺应了行业发展的潮流，重塑了金融市场、金融机构、金融消费者、金融风险管理以及金融创新的发展模式，对金融行业产生了颠覆性的影响。

---

① 靖寒淋,金环.浅析互联网金融发展现状及存在问题[J].时代金融,2018(24):22.
② 徐波.我国互联网金融现状及风险探究[J].经贸实践,2018(3):138.

(1) 在金融市场方面。金融市场是资金融通的市场,因此又称其为资金市场,是金融产品进行交易的场所。金融市场是由许多大大小小的不同市场组成的一个庞大的市场体系,它与我们日常生活中所了解的市场略有不同,存在交易对象、交易双方的关系以及交易形式有别于其他市场的特点。如图 8-1 所示,在交易对象方面,资金是金融市场的交易对象,其他市场的交易对象则为商品和服务;在交易关系方面,涉及买卖双方进行商品和服务交易的活动关系一般为买卖关系,而在涉及资金交易的金融市场中,交易双方之间的关系为借贷关系;此外,金融市场和其他市场所具有的交易形式存在差异,在其他市场中,一般是有形的交易,而在金融市场中,既可以是有形交易,又可以是无形交易。

	交易对象	交易关系	交易形式
金融市场	资金	借贷关系	有形、无形
其他市场	商品和服务	买卖关系	有形

图 8-1 金融市场和其他市场的不同之处

金融市场按照不同的分类标准可分为不同的类型,一般根据金融市场交易工具的期限将金融市场划分为货币市场和资本市场。货币市场是指由期限在一年以内的各种金融资产交易活动组成的场所,而资本市场又称长期资金市场,是指以期限在一年以上的金融资产进行交易的市场。随着人工智能时代的来临,金融行业也引入了人工智能技术。人工智能能够模拟人的某些思考过程和智能行为,高速运算海量数据,运用优化的算法提炼数据,并根据所得数据做出决策。货币市场和资本市场在人工智能技术的助推下,从海量的信息中提取出有用的数据,并将其与相关信息进行整合,进而制定金融交易决策,使得投资优势量化。[①]

(2) 在劳动力市场方面。人工智能在给人们带来众多高科技金融产品的同时,也引发了金融业的部分工作岗位被取代的危机。据全球性管理咨询公司波士顿咨询公司(BCG)在访谈了金融业和人工智能行业的诸多业界精英后建立的"BCG 2027 人工智能对金融业就业市场影响模型"推测,到 2027 年中国金融业约 23%的工作岗位将受到人工智能带来的颠覆性影响,其影响方式为岗位削减或转变为新型工种,其中银行、保险和资本市场的工作岗位削减比例分别为

---

① 黄钰洁,王田田,王乙男,等.人工智能对金融市场影响的分析[J].金融理论与教学,2018(2):51-54.

22%、25%和16%,而其余77%的工作岗位在人工智能的支持下,工作时间将减少约27%,相当于效率提升38%。① 人工智能对金融业劳动力市场的影响主要表现为岗位削减或转变为新型工种以及创造新的岗位。其中,岗位削减或转变为新型工种是对现有岗位而言的,人工智能创造新的岗位则增加了金融人员就业的种类。在不久的将来,部分金融行业的岗位将被人工智能取代,人工智能在金融行业的应用将低端金融从业人员从简单乏味的体力劳动中解放出来。例如,从人工智能技术在银行业的应用来看,开卡等简单的业务已由之前的人工办理转变为现在的客户在机器设备上填写相关信息等而自助办理,基于人工智能技术的智能客服机器人也逐步取代了客服等低端岗位。但是,涉及重大决策这一较为高端的环节时,在短期内人工智能可能还不能达到替代相应的岗位的技术高度,这些高端、复杂、更依靠脑力劳动的工作岗位依然更多地依赖人为操作。此外,人工智能改变了金融从业人员的劳动力分配,各层次的就业需求发生了改变:减少了对低端金融从业者的需求,更青睐于高端的金融从业人员,同时更倾向于具有多项技能的复合型金融从业人员。

(3) 在金融创新方面。 人工智能技术与金融行业的深度融合发展是人工智能行业与金融行业创新转型的必然结果。人工智能技术对金融创新的影响可从金融服务、金融数据处理效率和金融风险控制三个角度来考虑。

首先,在金融服务方面,金融行业属于服务行业,而服务行业旨在为客户提供高质高效的服务,金融行业也不例外。金融行业通过与客户之间的有效沟通与交流为客户提供个性化的、定制性的金融产品和金融服务,最大限度地满足客户的需求,深挖客户潜在的需求,以释放出金融强大的价值创造。近年来,金融市场有着越来越多的客户群体和越来越多样化的客户需求,企业应借助于人工智能技术对外界的语言文字进行识别,对业务流程进行优化,进而将结果反馈给渠道终端,完成企业与客户之间的对话交流,最终使得企业所提供的服务为客户带来良好的体验。

其次,金融市场的交易对象为资金,这在一定程度上决定了金融行业与其他行业之间或多或少地存在着联系。金融行业在经营过程中会产生大量的数据,如交易数据、客户信息等,而这些数据仅依靠人工进行核算与分析无疑是工作量巨大的,且准确度难以保证,这必然无法指导企业金融活动的开展。人工智能技术与金融行业的融合无疑为金融数据的分析与处理提供了有力的技术支撑。此外,

---

① 中国发展研究基金会课题组.投资人力资本,拥抱人工智能:中国未来就业的挑战与应对[R].北京:中国发展研究基金会,2018.

人工智能提高数据处理效率,实现金融数据建模,将非结构化图片、视频等转化为结构化信息,并对相应数据进行定量和定性分析,既充分利用了金融行业的海量数据,又提升了金融处理效率。[①]

最后,在金融风险控制方面,金融风险控制业务涉及的业务流程多且复杂,无论是用户资料收集这些简单的业务环节,还是逻辑校验这些较为复杂的业务环节,如果仅依靠人工进行操作,则不仅需要大量的人力物力,还极有可能滋生群体欺诈。将人工智能技术应用于金融风控过程中,可有效解决当前金融风控面临的诸多痛点,在事前、事中、事后的各个环节中增强了金融风控的能力,将事前预警、事中处理和事后监督集中于一体,降低了金融风险。然而,目前行业的智能风控尚处于起步阶段,行业内部智能风控能力并未形成统一的标准,各大金融机构和金融企业的风控水平参差不齐。但不管怎样,人工智能通过把客户行为分析和资产负债状况相结合,利用移动终端设备和 IP 地址等多层次信息构建的客户关系图,突破了识别联系人中借贷人个数等简单风控因素的传统手段的局限,深度延展了金融风控的覆盖范围,广泛管控网络全局风险,对于推动普惠金融的发展大有助益。[②]

(4)在金融消费体验方面。 人工智能对金融消费体验的影响可从金融产品和金融服务两个方面来考量。一方面,互联网金融产品的弊端被放大。例如,腾讯和阿里巴巴的打车软件通过对用户进行红包补贴、抽奖等方式诱导促销、虚增收益,导致市场秩序混乱,引发恶性竞争的局面。随着智能技术与产业融合逐步紧密,金融科技公司深度挖掘用户需求,借助于能够对用户的消费进行智能监管、智能风控等的"智能+产品",为用户提供科学、有效的建议,不受时空的束缚。

另一方面,面对金融消费群体的扩张和客户多样的需求,人工智能通过多渠道提升消费者的金融服务体验。语音识别技术的应用为客户与企业搭建了高效交流的平台,该技术凭借智能识别使信息与数据库建立连接,并将结果实时反馈给渠道终端,最终反馈给客户,实现企业与客户之间高效且有效的交流。与此同时,智能客服将识别、分析与挖掘计算机的日志信息,以期为客户群体进行决策提供正确有用的数据。

---

① 李佳珂.人工智能对金融创新的积极影响[J].人民论坛,2018(25):78-79.
② 蔡然.人工智能对金融创新的影响与挑战[J].企业管理,2018(4):114-117.

二、智能科技：构建新型金融业态

智能金融是大数据、人工智能等智能技术与金融行业的深度融合，借助于智能技术的核聚变对传统金融行业进行改造与赋能，弥补了传统金融行业的不足，使金融行业呈现出新业态。金融科技的发展经历了电子化、信息化、网络化、移动化时代，随着机器学习、自然语言处理、知识图谱等技术的发展，算法、数据、硬件处理能力不断提升，各类智能金融应用出现，金融科技已逐步进入智能阶段。

（一）智能风控——防范欺诈风险

当今世界，数据无处不在，信息瞬息万变。在智能科技全面赋能金融的时代潮流下，有金融业务的地方就少不了智能风控的存在，也可以说，智能风控是金融业务在"智能+"时代的"标配"。金融的核心是风险控制，而风险总是存在的，为了将风险事件发生的概率降到最低或使风险发生时企业的损失降到最小，企业管理者需要采取风险规避、损失控制、风险转移、风险保留等一系列风险控制措施。

然而，信息不对称、成本高、时效性差、效率低等传统金融机构和互联网消费公司的弊端逐步显现，在贷前、贷中、贷后等各个风险控制环节都存在不同程度的痛点，传统的风控手段已难以满足消费者的需求，在大数据、人工智能等智能技术的驱动下，智能风控应运而生。金融业从业人员普遍把智能风控定义为：智能风控是智能化技术手段在金融领域的重要应用，通过构建智能风险管理体系，突破以人工方式进行经验控制的传统风控的局限性和空间性。[①]

与传统的风控手段相比，智能风控在身份验证、授信、审批、反欺诈、存量客户管理、催收等风控环节有了较大的改进与突破。在身份验证环节，由传统的人工审核和专家经验优化为利用智能技术进行机器自动化审核；在授信环节，授信的依据发生了改变，传统风控环节的授信依据央行征信等结构化数据，智能风控的依据则做了进一步的扩展延伸，涉及的数据范围更广、内容更丰富，不局限

---

① 郝歆雅.2018中国智能风控研究报告[R].亿欧智库,2018.

于结构化数据,还涉及非结构化数据;在审批环节,传统风控中的审批需要耗费大量的人力和物力,而智能审批可以综合前面流程中的多维数据、差异化定价模型实现自动化审批,节省时间,解放人力;在反欺诈环节,在各种技术条件的限制下,时效性差是传统审批的一大痛点,传统风控并不能在金融业务的全过程实施风险识别和管控,而只能在事后识别和管控风险,随着基于机器学习算法构建的反欺诈模型的应用,智能风控可从事前预测、事中监控、事后管控全方位识别和规避风险,降低欺诈损失;在存量客户管理环节,智能风控通过智能化管理措施主动对存量客户进行存管,增强客户价值,增大覆盖面,提升运营效率;在催收环节,智能技术有望赋能催收产业实现智能化、科技化、合规化,如风险程度预测、定制催收策略等。[①]

智能风控将机器学习、人脸识别、知识图谱、语音交互等多种人工智能技术应用于风控各大环节,缩短了审批时间,提高了审批时效,为金融机构节约了人力和物力成本,提高了风险控制效率,加大了保障客户隐私的力度,为消费者提供了更优质的金融服务体验。

(二)智能支付——开启便捷消费体验

在互联网时代,移动支付在我国发展迅猛,微信、支付宝等移动支付方式随处可见,人们出门可以不带现金,只需一部手机便可解决衣食住行。与传统支付方式相比,移动支付方式为人们提供了极大的便利。然而,随着时代的发展,人们总是追求更好的生活品质,已不再满足于刷二维码支付的移动支付方式。于是,人们开始寻求不用手机也可以支付的利用人脸、指纹、虹膜、声纹等人的生物特征作为识别载体的智能支付方式。

以现在流行的刷脸支付为例,刷脸支付的应用使消费者完全可以什么都不带就出门购物、吃饭等。刷脸支付明显比刷二维码支付方便得多,这是因为支付平台嵌入了人工智能技术,升级了智能引擎,借助于人工智能技术的智能记忆功能在消费者常去的场所自动识别身份,完成刷脸支付。这样,人们就不必为没带手机而无法消费苦恼,智能支付为人们可能面临的诸多消费场景提供了有效的解决方案。

随着智能技术的应用与发展,刷脸支付时代即将到来,刷脸支付甚至有可能全面取代二维码支付,成为继POS机支付、NFC支付、二维码支付之后的又一

---

① 郝歆雅.2018中国智能风控研究报告[R].亿欧智库,2018.

新型支付手段，进而引发第四次无现金支付的智能支付革命。

（三）智能投顾——实现普惠金融

智能投顾（Robot-Advisor）是智能投资顾问的简称，在人工智能等智能技术与金融业日益融合的时代潮流之下，投资者的普惠金融需求日益明显，智能投顾作为一种新兴产物助力智能金融的构建与完善。智能投顾这一术语最早可追溯到 2010 年的机器人投顾技术，因此又把智能投顾称为机器人投顾。所谓智能投顾，即利用基于大数据挖掘技术和深度学习算法的投资顾问系统，一方面对客户的投资行为进行精准画像，另一方面对机构提供的产品组合进行深度挖掘、优化，根据用户的风险承担水平和收益倾向合理评估用户的投资偏好，从而对客户的个性化需求进行精准配置。①

公开资料显示，全球智能投顾管理资产规模在 2016 年为 1 280 亿美元，在 2017 年增长到 2 264 亿美元，年同比增长率高达 78%，2018 年仍保持飞速增长，资产规模达到 3 740 亿美元，年同比增长率高达 65%，如图 8-2 所示。

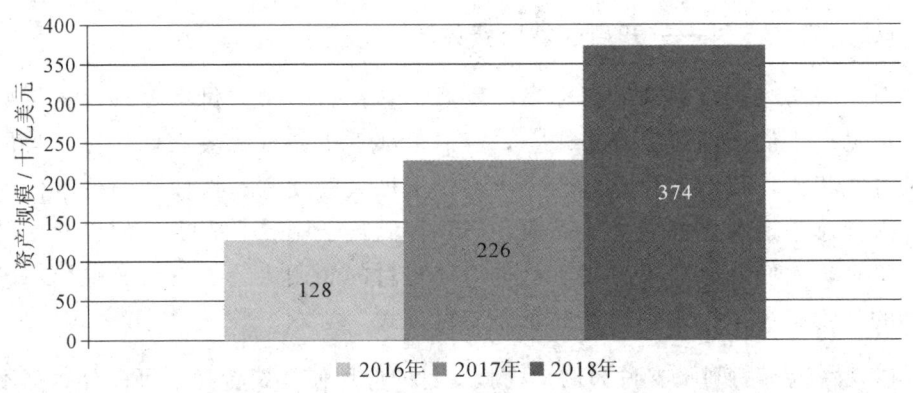

图 8-2　2016—2018 年全球智能投顾管理资产规模

资料来源：亿欧智库。

智能投顾作为智能金融的一项重要应用，2014 年开始进入中国市场。智能投顾虽然在我国起步较晚，但其发展速度惊人，逐步被市场接受并赢得了消费者的青睐，成为消费者理财的好帮手，为我国智能金融的快速发展提供了高效高质的理财服务。自 2016 年年末招商银行推出我国首个智能投顾系统"摩羯智投"后，各大金融机构相继推出智能投顾产品，我国智能投顾产品市场进入了高速发展时期。

---

① 苗宇松.智能投顾——不可忽视的投资手段[N].证券时报，2019-07-04（A08）.

（四）智能监管——维护金融安全

监管科技（Reg Tech）指的是能够高效和有效解决监管和合规性要求的新技术，包括大数据、人工智能、云计算、区块链等智能技术，监管科技为智能监管的开展与实施提供了技术支撑。金融监管是对金融机构及其经营活动进行监督与管制，保证其金融交易活动有序合规开展的一种政府规制行为。人工智能技术的应用及其与各行业的融合发展对金融机构的组织架构、运营模式、发展理念等进行了调整与重构，也对监管产生了冲击。传统的监管机制已无法满足人工智能等智能技术的驱动下各种新业态发展的需要，智能监管逐步发挥其效力。

自智能化浪潮席卷金融监管领域以来，监管机构在反洗钱、非现场监管、监管云平台、风险侦测等监管环节有了较大突破。智能监管系统借助于交互式分析组件和结构化数据存储对来自工商、司法、税务等多个渠道的数据进行数据质量稽核审查和元数据管理。此外，在进行金融交易时，智能监管能够实现大额交易分析、可以交易分析、异常行为分析、高风险业务分析等，进而采集风险信号，为金融管理者进行风险预警。

三、科技赋能：商业银行的智能转型之路

大数据、人工智能等智能技术对包括银行在内的金融业产生了广泛而深刻的影响，商业银行的智能转型势在必行。

（一）传统商业银行的现状

银行是现代金融业的主体，作为国民经济的核心产业，与我国宏观经济的发展密不可分。四十多年波澜壮阔的改革开放极大地促进了我国经济的发展，然而，近年来，我国经济增长速度开始放缓，经济发展进入了由高速增长向高质量发展的新常态，在宏观经济持续放缓和银行监管日益趋严的背景下，我国五大国有银行在合理的增速区间内保持稳健发展态势。

银保监会公开的数据显示：2020年第一季度末，我国银行业金融机构本外币资产302.4万亿元，同比增长9.5%。其中，大型商业银行本外币资产124.0万亿元，占比为41.0%，资产总额同比增长10.3%；股份制商业银行本外币资

产54.2万亿元，占比为17.9%，资产总额同比增长12.8%。宏观经济环境的变动使得我国银行金融产品的质量虽有所下降，但面临的风险仍在可控范围之内。同时，我国大型国有银行不断拓展其业务规模，不断提升其综合实力，各种外界环境的冲击及我国采取的有效应对措施使得我国银行业仍处于国际同业的良好水平。

当前，面对国际国内经济金融一体化发展，商业银行数量暴增，虽然存款业务、贷款业务和中间业务依然是我国银行的三大基础业务，但是我国中间业务的收入仍处于较低的水平。从总体上看，我国银行利润绝大多数还是来自存贷款利息差，这进一步导致各大银行所提供的产品和服务是类似的，各大商业银行不得不借助于打高息揽存的价格战来吸引更多的存款人，加剧了各商业银行之间的竞争。

在存款业务方面，类似于余额宝的高息活期理财产品的出现以及个人和企业理财意识的日益增强，使得大众在进行理财规划时更倾向于将资金投入理财、股票、债券、基金等产品，这使得银行的存款业务来源减少。因此，银行为了吸引更多的公众资金，只得将公众存款收益率提高到其预期收益率，这必然会增加银行的资金成本。

由于各大电商平台为公众提供借款的条件较低，部分个人客户转向电商平台进行直接贷款。同时，企业多样的融资选择使其不再依赖于银行进行融资，导致了越来越高的金融脱媒程度，银行不得不将业务对象由信誉良好的大中型企业转向不确定性较高的中小型企业，这不仅导致了银行业务空间遭遇来自第三方平台的竞争，还减弱了其获客能力。此外，银行在营运成本增加的同时，也承担着较高的借贷风险。

新一代信息技术对商业银行的传统业务产生了冲击，且由于客户追求更高质的产品和服务，银行不得不优化其提供的产品与服务。当下，金融产品的消费主体多为年轻一代，传统的金融产品和服务已难以满足他们多样化的需求，伴随着信息技术成长起来的新一代银行目标客户对于金融服务的需求与过去大不相同，他们选择金融服务的依据不再局限于利率水平，比起千篇一律、标准化的金融产品和粗放式的服务模式，个性化、便捷化的产品和服务更加深入人心。[1] 各大商业银行要在激烈的市场竞争中夺得一席之地，占据一定的市场份额，必须顺应客户群体偏好的改变，推出客户青睐的产品和服务。

---

[1] 朱文理.金融为道 科技为术——浅析金融科技如何与商业银行协同发展[J].现代金融,2019(6):25-27.

（二）传统银行智能化转型的路径

随着"智能+"时代的到来，经济社会中出现了大量的新兴产业，在产业转型升级的关键节点，新旧动能交替融合发展，打破了各行各业的供需方式，使企业不断调整经营战略，重组业务结构。在互联网金融弊端日益显露，而"智能+"金融强势崛起的行业背景下，我国各大银行不甘示弱，紧跟时代发展的需要，综合金融服务成为银行业关注的焦点，大型国有银行、股份制银行等各大银行开始了智能化转型之路。借助于人工智能、大数据等智能技术对银行业的赋能，近年来银行新业态层出不穷，新的服务模式不断涌现，无人银行等智能银行的出现为我国传统银行的转型升级提供了发展机遇。

虽然我国早在 20 世纪 80 年代就提出要使商业银行实现金融电子化，但是智能银行这一概念在我国的发展时间并不长。我国最早提出智能银行概念要追溯到 2009 年花旗银行在上海新天地设立了我国的第一家智能银行，此后经过几年的探索，智能银行与人们的生活联系得日益紧密，智能银行的概念逐步在国内盛行。所谓智能银行，是指借助于现代科技手段，能够为客户提供全天候不间断自助服务以及远程人工服务的智慧型银行。智慧型银行能够为客户提供的常见服务包括存款、转账、自助开户、自助申请储蓄卡以及自助申请信用卡等。智能银行能够为客户提供随时、随地以及随心的服务，能够优化客户体验，提高客户对银行服务的满意程度，有效支持客户规模扩大，推动我国商业银行转型升级。[①]

商业银行在由传统银行向智能银行转型的过程中突破了时间和空间的限制，随着新一代信息技术的发展及其与行业的深度融合，远程智能柜员等银行智能机器设备的应用使得客户办理某项银行业务时可以随时随地进行业务操作，而不是一定要到营业网点。智能银行的出现在给客户带来了极大便利的同时，在一定程度上减少了银行柜面人员的数量，降低了银行的成本。随着银行网点智慧化、无纸化、智能化的逐步实现，智能银行成为"智能+"时代银行发展的必然趋势。

人工智能等智能技术在银行业的应用加快了我国商业银行数字化、智能化的步伐，为我国商业银行的转型升级提供了有力的技术支撑。商业银行智能发展的路径主要体现在服务能力、产品创新、金融生态圈三个方面。

首先，在服务能力方面，近年来，金融科技在银行业的应用深刻改变了银行的业务发展、服务方式、交易模式，金融科技和大数据的应用打造了集渠道、产

---

① 郭晶晶.智能银行对我国商业银行转型的重要作用[J].经贸实践,2017(18):101.

品、服务三位一体的全新金融服务。同时，银行业借助于大数据、人工智能等智能技术对客户的偏好和需求进行深入分析，合理分析客户的借贷与投资行为，精准洞察客户的服务需要，精确判断客户的合意需求，通过精准营销和智能获客主动地为客户提供合乎其需要的金融服务，以实现金融服务全过程智能化、个性化、定制化。

其次，在产品创新方面，对传统的商业银行而言，其拥有的金融产品虽数量多但同质性较高，而且这些金融产品大多为模仿国外的产品，我国自主研发的金融产品较少，加之产品市场定位的差异以及不同客户的不同需求难以确定，我国商业银行金融产品一直发展缓慢。此外，以往推出的金融产品创新多为满足企业融资的需求，且融资过程的复杂程度超越了银行自身的专业范围，使得金融产品创新的动力严重不足，推出的金融产品大多难以满足企业全面性、综合性的融资需求。借助于金融科技，银行全方位地将金融服务和金融产品从线下向线上迁移，特别是加快推进线上信用贷款产品，收集客户特征数据、行为数据、偏好数据，精准地对客户进行画像，在画像基础上充分利用人工智能算法建立相关评分模型，实行线上信用评分，以确定信用贷款限额和定价，从而实现秒级审贷、秒级放贷，提高信贷效率，降低运营成本。①

最后，在金融生态圈方面，当前，银行与互联网金融已经融合成为"你中有我，我中有你"的服务格局，金融服务的边界日益模糊，而获得长期稳定的客户是当下大多数商业银行所追求的目标。基于此，商业银行自身要加强渠道整合，打造一个集线上、线下于一体的金融生态圈。对于线上渠道，通过优化线上渠道界面、拓宽渠道、提供精准而全方位的客户服务，提升生态圈内的客户体验和服务质量，进而完善线上金融生态圈。对于线下渠道，商业银行的线下渠道多样，我们要充分发挥线下多样化的渠道优势，促进金融生态圈与各级政府等管理机构建立密切联系，深化政务合作，协调各方关系，深化线下金融生态圈建设。最终提高金融服务软实力，建立服务标准和产品规范，引导、规范金融生态圈企业的金融服务行为，加速金融生态圈企业个性化的金融服务以及产品的定制和研发，在金融服务领域打造客户满意、企业急需和体验流畅的金融产品。②

---

① 李小庆.以科技为支撑 探索商业银行智能发展路径[J].中国金融电脑,2019(7):85-88.
② 同上。

第四部分
化繁为简,品质生活

第九章

智能医疗：智能互联，信息共享

行业现状：智能医疗发展现状
落地实施：智能医疗应用领域
行业拓展：5G远程医疗

医疗关乎国计民生，健康是人生最重要的财富，是人们所共同追求的理想状态，无论是身体健康还是心理健康，医疗都在其中扮演着不可或缺的角色。在人工智能、5G等智能技术的驱动下，远程手术打破了时空界限，智能医疗日益融入人们的生活。人工智能技术与医疗的联系日益紧密，智能技术贯穿了医疗行业的各个环节，作为医疗行业未来发展大趋势的智能医疗，在产业智能化与智能产业化的行业背景下，释放出医疗行业的产业新动能。

一、行业现状：智能医疗发展现状

当前，在经济发展新常态下，人们的生活水平日益提高，消费需求也随之发生了变化。虽然各行各业都或多或少地发生了调整，但不难发现，关系民生的医疗行业尤其明显，消费者更注重追求高质量的医疗服务。然而，当下我国医疗行业还存在一些问题，由于我国人口基数较大和医疗资源稀缺，当前的医疗水平无法满足全国14亿人口的医疗需求。

医疗服务流程涉及挂号、就诊、留观、出院、缴费、取药等。在看病难、看病贵的医疗困境下，基于人工智能、5G等智能技术的智能医疗将智能技术融入医疗服务的导诊、影像、辅助诊断、医院管理等环节，简化了医疗流程，优化了医疗服务，不仅为医护人员提供了更先进的医疗设备，还为就医人群提供了更优质高效的医疗服务。

人工智能医疗从字面上理解就是"AI＋医疗"，指的是以互联网为依托，借助于大数据、人工智能等智能技术为医疗行业赋能，通过打造健康档案区域医疗信息平台，利用最先进的物联网技术，实现患者与医务人员、医疗机构、医疗设备之间的互动，逐步达到信息化，为当下医疗面临的诸多痛点提供合理的解决方案，以高质的智能医疗服务助力人民群众美好生活愿景的实现，智能医疗也成为人工智能最具潜力的领域之一。

（一）智能医疗发展历史

对智能医疗最早的探索可追溯到20世纪70年代，英国利兹大学发明了通过贝叶斯算法由病人的症状诊断患者腹痛原因的AAPHelp。随后，由于该系统输入的症状和数据日益增多，其确诊的精确度也越来越高，甚至在1974年，资深医生的诊断精度已不如AAPHelp系统，这是人工智能技术在医疗领域的最早应用。

人工智能在医学中初次较为成功的尝试，是1976年斯坦福大学研发的不仅能进行感染病诊断，还能提供抗生素处方的MYCIN系统。该专家系统开创了将人工智能技术应用于医疗领域的先河，为后来的医疗专家系统奠定了坚实的基础。

我国在人工智能医疗领域的开发研究始于20世纪80年代，虽起步较晚，但发展迅猛，尤其是进入21世纪以来，取得了重大突破。我国人工智能医疗早期研究成果有"关幼波肝病诊疗程序""中国中医治疗专家系统""林如高骨伤计算机诊疗系统""中医计算机辅助诊疗系统"等,其中,"关幼波肝病诊疗程序"是我国人工智能医疗的第一次尝试。

进入21世纪以来,国内外都加大了将人工智能技术应用于医疗领域的研究力度,成果众多,其中,影响最广的要数IBM Watson系统,该系统在肿瘤治疗方面有着出色的表现,当前,在癌症治疗方面较为资深的医院都在使用该系统。此外,英国人工智能公司的DeepMind Health部门不仅参与了利用深度学习算法开展有关脑部癌症识别模型的研究,还研究了如何将人工智能技术应用于及早发现和治疗威胁视力的眼部疾病。图9-1展示了人工智能医疗发展史上比较重大的几次探索。

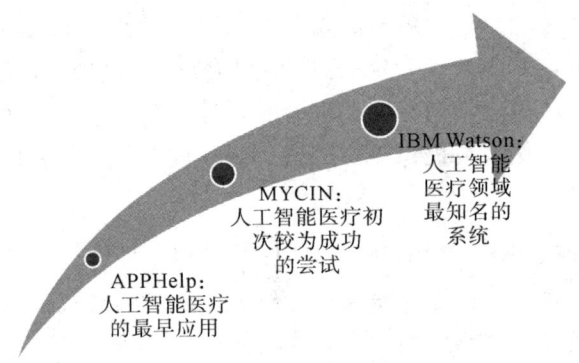

图9-1 人工智能医疗的探索历程

(二)智能医疗行业发展现状

近年来,人工智能技术与医疗的结合日益紧密,智能技术贯穿了医疗行业的各个环节。作为医疗行业未来发展大趋势的智能医疗,在产业智能化与智能产业化的行业背景下,释放出医疗行业的产业新动能。新一代信息技术的发展使得智能医疗的市场规模、投资状况等在短期内都有了较大变化。

(1)市场规模。如图9-2所示,公开资料显示,从2016年至今,我国智能医疗产业发展飞快,市场规模逐年扩大,智能医疗市场呈井喷式增长。智能医疗市场规模从2016年的96.61亿元扩大到2017年的136.5亿元,同比增长40.7%,到2018年,智能医疗市场规模已达到204亿元,同比增长54%,行业继续保持较高的年复合增长率,市场规模增长飞快。从2019年上半年智能医疗行业的市场规模来看,行业目前仍保持着40%以上的增速,预计智能医疗行业2019年的市场规模有望突破280亿元。

第四部分 化繁为简，品质生活
第九章 智能医疗：智能互联，信息共享

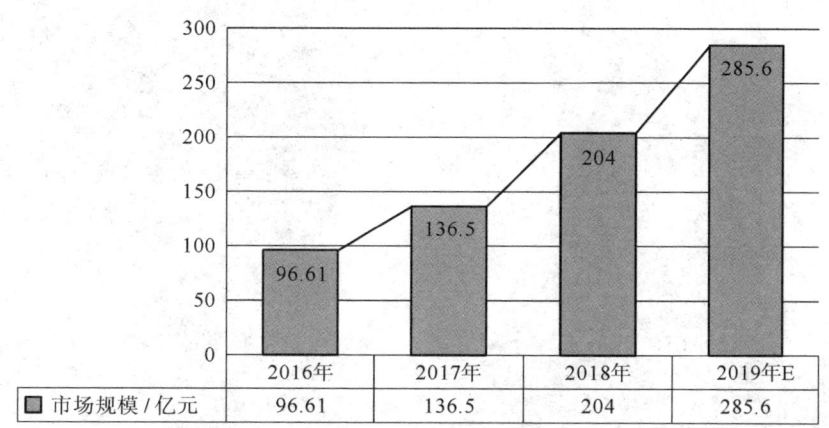

图 9-2 2016—2019 年我国智能医疗市场规模

虽然我国智能医疗行业市场规模呈逐年上升趋势，但我国医疗行业仍存在诸多痛点：一是医疗资源分配不均；二是医护人员短缺。近年来，医患关系一直是亟待解决的一大难题，医患矛盾日益突出，如 2019 年 4 月发生的上海仁济医院事件，事件大概的来龙去脉是，加号的患者丈夫多次干扰医生就诊，与医生发生肢体冲突，患者报警称医生打人，之后医生因与插队患者发生争执而被警察带走。从整个事件来看，患者从外地来大城市大医院就医，事件发生的本质原因还是医疗资源分配不均，大城市拥有更优质的医疗资源，而偏远地区的医疗资源明显匮乏，以致患者大多集中在大城市大医院，致使大城市医疗资源供不应求，医疗秩序混乱，加剧了医患矛盾。

在医疗资源分配不均方面，不难发现沿海发达地区往往比偏远农村拥有配置更优的医疗资源，如更先进的医疗设备、更专业的医护人员等。由于落后地区的医疗资源有限，病患的某些相对棘手的病情并不能在当地得到很好的治疗，于是他们选择前往大城市大医院进行医治。前瞻产业研究院整理的数据显示（如图 9-3 所示），截至 2018 年，我国三级医院仅有 2 311 家，占 7.63%，但三级医院就诊人次却达到 16.46 亿，占全国总人次的 50.97%，医疗资源供需明显不匹配。[①] 幸运的是，"AI+医疗"政策的逐渐落地极大地缓解了看病难、看病贵的窘境。

在医护人员短缺方面，当下全球人口老龄化的趋势日益突出，急剧扩大了医护人员的缺口，我国医护人员在质量和数量上存在严重的不足。国家卫生健康委

---

① 前瞻经济学人.2018 年人工智能医疗市场现状与发展趋势 人工智能医疗成为医疗行业发展趋势[EB/OL].[2019-10-20]. https://ecoapp.qianzhan.com/detials/190307-1fe8c3a6.html?uid=5363003.

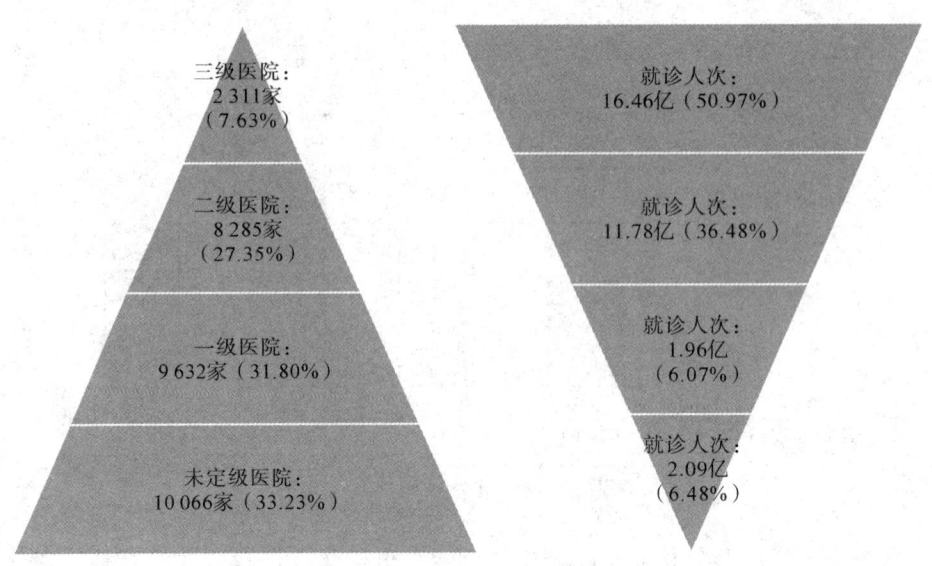

图 9-3　2018 年我国医疗资源与诊断需求情况

资料来源：前瞻产业研究院整理。

公布的数据显示（如图 9-4 所示），截至 2018 年年底，我国共有卫生人员 1 230 万人，而 2017 年为 1 174.9 万人，2018 年较 2017 年增加了 55.1 万人，同比增长 4.7%。其中，卫生技术人员有 952.9 万人，较 2017 年的 898.82 万人增加了 54.08 万人，同比增长 6.02%；注册护士有 409.9 万人，较 2017 年的 380.4 万人增加了 29.5 万人，同比增长 7.75%；执业（助理）医师有 360.7 万人，虽比 2017 年的 282.9 万人增加了 77.8 万人，但医师数量仍严重短缺。

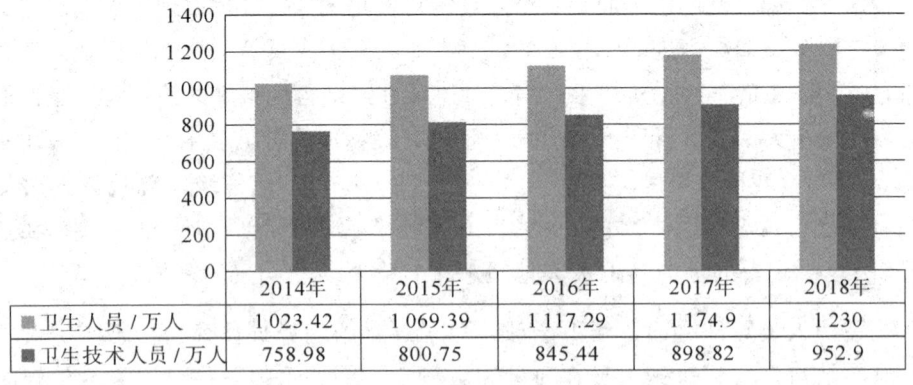

图 9-4　2014—2018 年全国卫生人员数量

资料来源：国家卫生健康委。

(2) 投融资现状。2013年以来,信息技术与医疗行业的融合发展推动了我国医疗信息化的加速发展,2016年,AlphaGo打败世界围棋大师李世石再次掀起了智能技术与产业结合的浪潮,人工智能医疗备受资本的青睐。近几年来,人工智能医疗投融资额显著走高。

如图9-5所示,前瞻产业研究院整理的数据显示,2016年我国医疗健康产业VC/PE①融资案例数为678起,2017年为455起,行业融资事件2017年较2016年略有下降,下降幅度近三分之一,2018年融资事件逐步回升,融资事件达到639起,融资案例数同比增长13.1%。

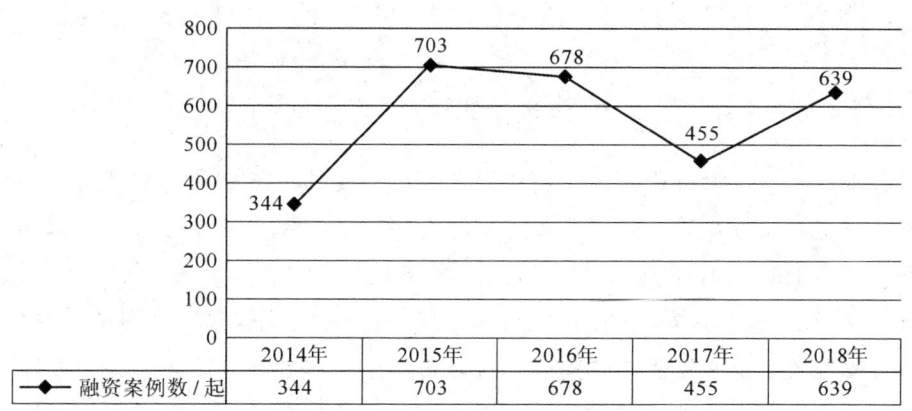

图9-5 2014—2018年我国医疗行业融资情况
资料来源:前瞻产业研究院整理。

虽然融资案例数上升幅度略小,但2018年医疗健康产业融资总额再创新高,行业VC/PE融资规模从2016年的457亿元上升到2017年的474亿元,融资规模增长率略有下降,2018年行业VC/PE融资规模实现大幅度跃升,行业VC/PE融资规模高达704.5亿元,较2017年增加了230.5亿元,同比增长率高达48.6%,如图9-6所示。

从近几年行业融资事件及融资规模数据分析来看,2017年医疗行业整体融资规模呈平稳态势,主要原因是近年来医疗服务行业服务创新领域日趋成熟。此外,随着2017年7月《新一代人工智能发展规划》的发布,政府利好的政策再次将人工智能医疗推上发展的热潮,行业热度持续上涨。

---

① VC指风险投资;PE指私募股权投资。

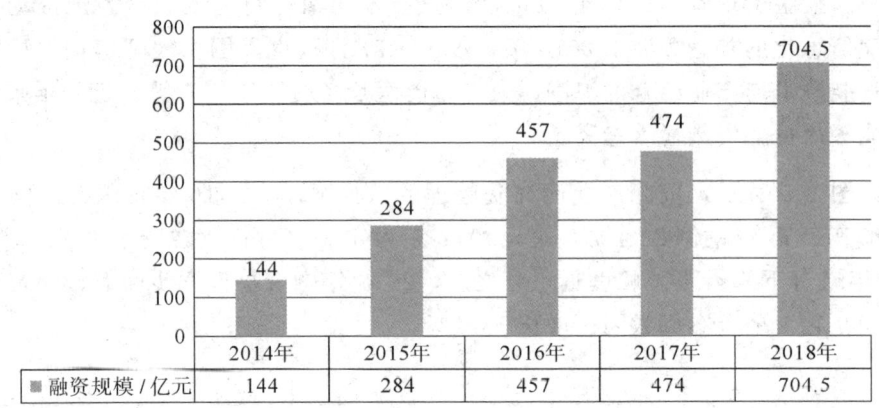

图 9-6 2014—2018 年我国医疗行业融资规模

资料来源：前瞻产业研究院整理。

众所周知，一个行业要快速发展起来，除了自身存在可观的发展前景外，政府政策的支持对行业的发展也至关重要。近几年来，智能医疗行业发展得如火如荼，这得益于政府政策的有力支持。从国务院 2015 年 5 月发布的《中国制造 2025》到 2018 年 5 月发布的《关于促进"互联网＋医疗健康"发展的意见》，政府大力发展人工智能技术，鼓励人工智能技术与实体经济深度融合，为实体经济赋能，实现实体经济新旧动能转换，为"AI＋医疗"营造了良好的发展环境。

二、落地实施：智能医疗应用领域

医疗是我们需要关注的六大民生问题（教育问题、就业问题、收入分配问题、社会保障问题、医疗问题、住房问题）之一。根据前文的分析不难看出，虽然我国智能医疗行业市场规模呈逐年上升趋势，但当前还处于起步阶段，各方面还有待进一步的探索与完善。从市场增长率来看，近几年我国智能医疗行业始终保持着 40% 以上的增速，市场规模扩大较快，近几年达芬奇机器人的火爆进一步使投资者的投资意向投向智能医疗行业，国内医疗机器人行业备受资本投资者的青睐，推动了智能医疗机器人行业的快速升温。

（一）医疗机器人

医疗行业存在着医疗资源分布不均匀、医护人员短缺、医疗成本高昂等诸多痛点，使得传统医疗服务不能为公众提供合意的就诊体验。在"智能＋"时代，人工智能技术对医疗行业的赋能释放出"AI＋医疗"的魅力，人工智能技术的应用及其与行业的深度融合为解决医疗行业的诸多痛点提供了有力的技术支撑。在各种智能技术的加持和一大批医护人员的共同努力之下，我国智能医疗机器人颇具发展潜力。

智能机器人始于1959年第一台工业机器人的诞生，而后逐步具有触觉、听觉、视觉等机器感觉，并扩散到各行各业，出现了传菜机器人、医疗机器人（如图9-7所示）等。近几年来，不同领域的机器人的发展势头不尽相同，其中，汽车市场低迷，工业机器人增长有限，而家用服务机器人、医疗服务机器人、公共服务机器人等服务机器人增长势头正猛。一方面，公众提高了对生活品质的要求，使得服务机器人市场规模增长迅速，发展态势可观；另一方面，老年人群是医疗服务的主要消费群体，当前，随着人口老龄化的加剧，社会对医疗服务的需求日益增加，医疗机器人表现出飞速发展的良好势头。虽然工业机器人发展历史最悠久，但目前智能机器人应用最多的领域还是医疗行业。

图9-7　医疗机器人

医疗机器人的首例成功手术是发生于1985年的将PUMA500机器人作为辅助定位装置而成功完成的脑部手术。虽然医疗机器人仅有短短三十多年的发展历史，但目前其应用范围已覆盖了全球33个国家，手术种类涵盖各医学学科。公开数据显示,近几年全球医疗机器人市场规模快速增长,医疗机器人市场规模从2014年的87亿美元扩大到2015年的98亿美元,增加了11亿美元,2016年比2015年增加了12亿美元,市场规模达到110亿美元,人工智能医疗机器人在全球发展态势良好,但在我国起步较晚,我国人工智能医疗机器人占全球市场份额不足5%,具有广阔的发展空间。近几年全球及我国医疗机器人市场规模如图9-8和图9-9所示。

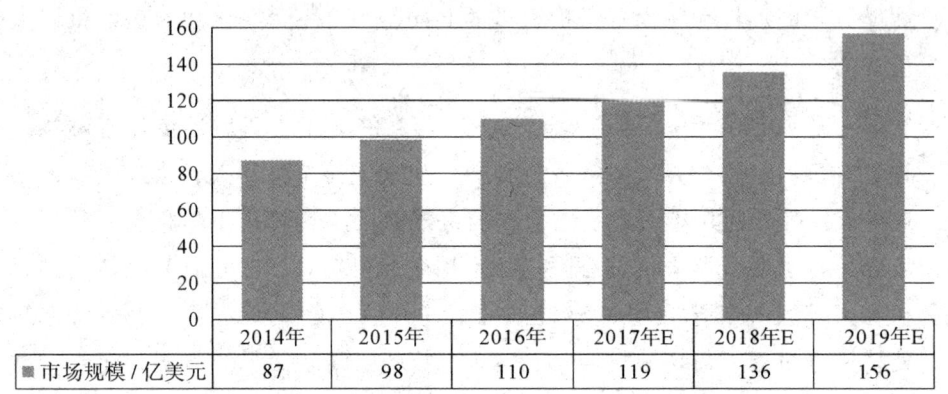

图9-8　2014—2019年全球医疗机器人市场规模
资料来源:根据公开资料整理。

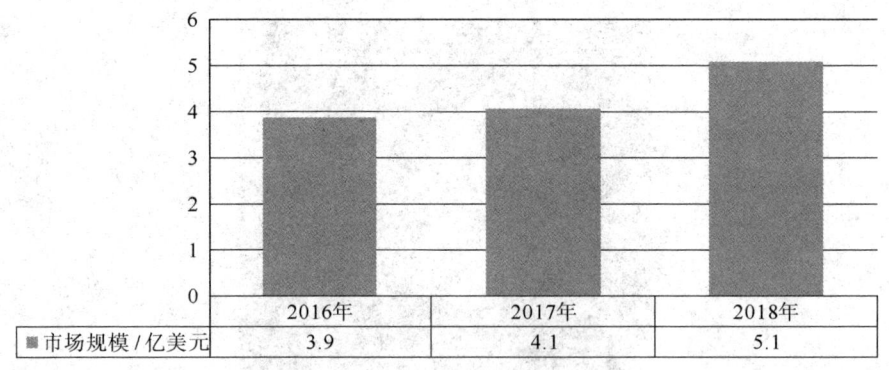

图9-9　2016—2018年中国医疗机器人市场规模
资料来源:根据公开资料整理。

随着医疗行业逐渐朝着智能化方向发展,医疗机器人日益成为智能医疗的重要特征之一,根据国际机器人联合会(IFR)的分类方式,医疗机器人可以分为手术机器人、康复机器人、辅助机器人和服务机器人四大类。目前国际上产业化较为完善的是手术机器人与康复机器人中的外骨骼机器人。① 不同类型的医疗机器人的占比如图 9-10 所示。

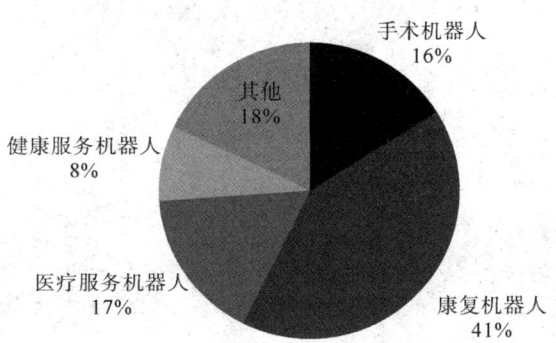

图 9-10　2018 年我国医疗机器人各类型占比

资料来源：前瞻产业研究院整理。

（1）手术机器人。手术机器人是一种新型医疗器械，能够在有限的自由度下完成一系列精准的操作，以其定位精度和操作精度提高手术成功率，实现微创手术，减少医生在手术过程中所受的辐射量，缩短患者住院恢复的时间。② 手术机器人的市场规模远高于康复机器人和医疗服务机器人的，按照手术机器人在医疗过程中发挥的不同作用等差异，可将其分为操作手术机器人（如图 9-11 所示）、手术导航系统、定位手术机器人三种。

操作手术机器人。顾名思义就是在微创手术中借助于内窥镜解决各种操作问题的手术机器人，主要用于各种软组织的微创手术，其以 3D 高清图像、人机交互等技术为关键技术，技术难度最大。最具代表性的产品为达芬奇手术机器人，这是当前最成功且使用最广泛的手术机器人，一度成为智能医疗机器人的代名词。

手术导航系统。从字面意思来看，我们可将其类比于导航地图，手术导航系统由导航追踪仪和主控台车组成，旨在实现在术中实时显示患者的内部结构图像以更好地进行手术操作，把图像配准融合、三维重建、动态追踪等技术融合应用于外科、微创介入及机器人手术，其技术难度略低于操作手术机器人，Brainlab 是最具代表性的手术导航系统。

---

① 梁晨迪.医疗机器人：硬核科技 手握未来[N].中国医药报,2019-04-16(8).
② 同上。

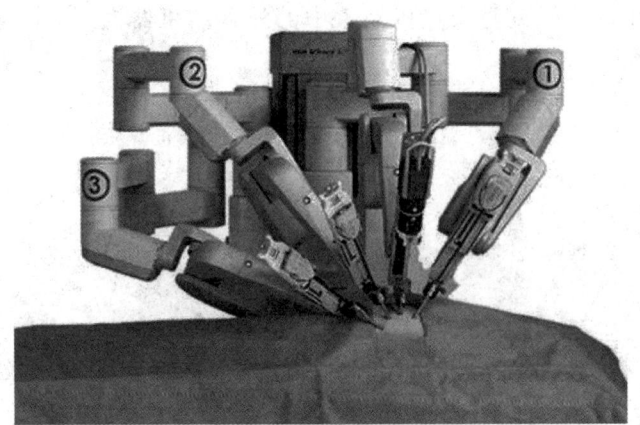

图 9-11 达芬奇手术机器人

以 Mazor 为代表的定位手术机器人。这是一种类似于自动驾驶的智能医疗器械,主要用于解决微创手术中的定位问题,是集图像配准融合、精准定位、运动补偿等技术于一体的新型医疗器械,目前在骨科、口腔科、神经外科等科室应用较多。

(2) 服务机器人和辅助机器人。服务机器人在医疗领域的主要应用包括配药送药、病人护理、医院消毒等;辅助机器人则是一种可以感觉并在处理感官信息后给予用户反馈操作的设备,主要应用是陪护机器人。[①]

医疗行业的服务机器人可分为两种,即医疗服务机器人和健康服务机器人。医疗服务机器人是智能医疗机器人的一种,主要应用包括病患的救援、影像定位、康复或健康信息服务,常用于提供医院和诊所的医疗或辅助医疗卫生服务。当前,我国医疗服务机器人在医疗机器人中所占比重较大,占比为 17%,仅次于占比为 41% 的康复机器人。健康服务机器人也是医疗机器人的主要组成部分,健康服务机器人源于智能产品领域的创新发展,主要从事监护方面的工作。随着全球各国医疗、护理和康复的需求不断增加以及人们对生活品质的追求不断提高,人们对医疗服务将提出更高的要求,而医护人力相对缺乏,这为健康服务机器人提供了发展机遇。在所有智能医疗机器人中,健康服务机器人占比相对较小,仅为 8%。[②]

(3) 康复机器人。康复机器人(如图 9-12 所示)是医疗机器人的一个重要

---

① 梁晨迪. 医疗机器人:硬核科技 手握未来[N]. 中国医药报,2019-04-16(8).
② 温程辉. 2018 年全球医疗机器人行业市场竞争格局与发展前景分析[EB/OL]. (2019-02-11)[2019-10-22]. https://ecoapp.qianzhan.com/detials/190201-d4b77ef8.html?uid=5363003&from=singlemessage.

分支,是一种用于帮助病患更好更快地进行术后恢复的医疗器械,主要集中在康复机械手臂、智能轮椅、假肢和康复治疗机器人等方面。截至 2015 年,康复机器人市场规模最大的区域当属北美地区,虽然在我国的普及应用还处在起步阶段,但近几年我国康复机器人行业发展迅速,康复市场容量高达 4 000 亿元,众多康复初创企业拔地而起,具有广阔的市场前景。

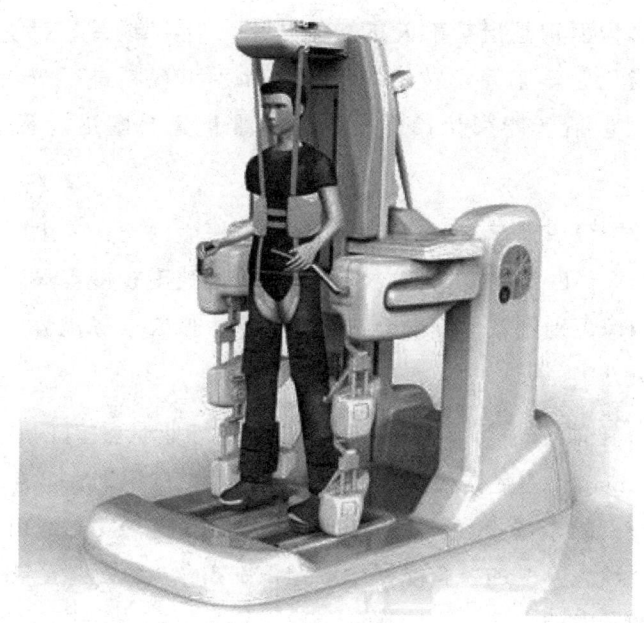

图 9-12 康复机器人

康复机器人广义上可细分为外骨骼机器人、训练机器人和仿生机器人。公开数据显示,在智能医疗机器人中,康复机器人增速最快,其中外骨骼机器人将迎来爆发增长期。1987 年,英国 Mike Topping 公司研制了一款康复机器人,名为 Handy 1,用以帮助一名患有脑瘫的 11 岁小男孩独立地用餐。2013 年,我国上海交通大学成功研制出第一台智能轮椅机器人 ROBOY,该机器人能对周围环境做出准确判断,自动规划最佳路径。[①]

从全球行业发展格局来看,发达国家和发展中国家之间在对智能医疗产品的政策、行业投资环境、消费者接受程度等方面存在差异,康复机器人在不同国家的市场规模及增长速度也略有差异。北美地区作为康复机器人需求最多的地区,

---

① 王国强.医学人工智能的发展[J].张江科技评论,2019(3):70-75.

其市场规模占全球的比重已达到53.76%,在剩下不到一半的市场份额中,尚处于初步应用康复机器人阶段的发展中国家仅占26.01%,其他国家的占比则为20.23%。

(二) 智能医学影像识别

智能医学影像识别是指基于人工智能技术,对X线片、计算机断层扫描、磁共振成像等常用医学影像学技术扫描图像和手术视频进行分析处理的过程,其发展方向主要包括智能影像诊断、影像三维重建与配准、智能手术视频解析等。[1]

当前,医学影像识别存在医学影像领域专业医生缺乏、人工阅片主观性高与耗时长、医学影像诊断精确度偏低、医学影像诊断速度较慢等局限性,将人工智能技术与医学影像识别领域深度融合具有高效率、低成本等优势,可为这些难题提供良好的解决方案。

近几年来,智能医学影像已成为智能医疗行业最热门的应用场景之一。Global Market Insight的数据报告显示,智能医学影像识别在"AI+医疗"的应用场景中占有较大的市场份额,并以超过40%的增速在发展,市场规模增长较快。同时,融资额急剧增加,智能医学影像识别在"AI+医疗"各细分领域中的占比仅次于药物研发的占比,智能医学影像识别是"AI+医疗"的第二大应用场景。如图9-13所示,2015—2018年我国智能医学影像识别融资额有较大幅度的增长,从2015年的0.38亿元增长到2018年前三季度的26.2亿元,在不到4年的时间里,增速明显提高。

(1) 智能影像诊断。医学成像可以透过不同的介质来形成图像,主要包括:可以观察生物体的结构性特征但无法观察其代谢情况的结构性图像,以及能够观测机体代谢情况的功能性图像。结构性成像是利用X射线、声音、荧光、磁场、光学等对机体的结构性特征进行观察与探测,例如,通过血管摄影、超声成像、核磁共振、光学相关断层扫描等成像技术做出影像识别与诊断。功能性成像是利用光子、正子、血氧水平、电流活动、磁场等对机体的代谢情况进行监测与反馈,例如,利用单光子计算机断层扫描、正子断层扫描、功能性磁共振成像

---

[1] 周瑞泉,纪洪辰,刘荣.智能医学影像识别研究现状与展望[J].第二军医大学学报,2018,39(8):917-922.

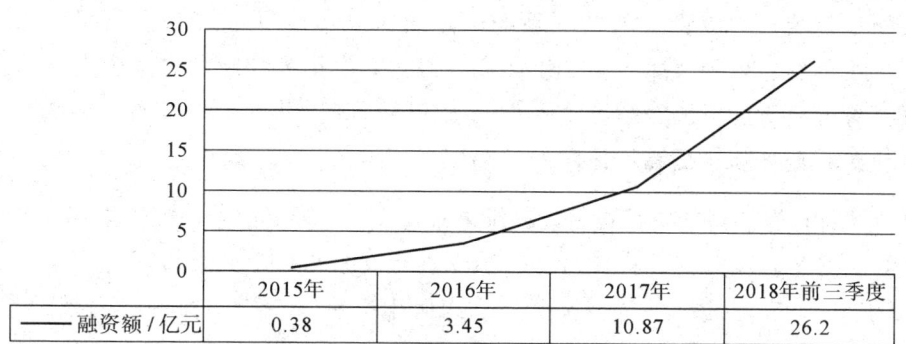

图 9-13　2015 年至 2018 年前三季度我国智能医学影像识别融资额

（fMRI）、脑波图、脑磁图等方法对机体反馈的代谢活动进行识别与感应，以感应出机体各部位的功能性差异。

传统的医学成像过多地依赖专业的影像科医生进行诊断结果判断，在没有专业的影像科医生在场时，急诊科医师对病人进行 CT 检查后，无法对病人颅内是否有异常做出准确的判断，这样会影响病人就医时间，导致病人等待时间过长，反映了医疗资源的匮乏。如果将深度学习算法引入医学成像领域，则可有效缓解传统医学成像的痛点。智能诊断系统不仅可以对形成的 CT 图像做出精准诊断、精确评估，还可以在没有专业影像科医生的情况下，对患者是否有脑出血做出判断，识别出可疑区域，以供临床医生更快更好地做出决策。

智能影像诊断通过深度学习算法对医学影像的解读、异常检测、量化所需测量区域进行改进与优化，借助于计算机辅助设计（CAD）与图像分割技术对可疑区域做出明确辨识，帮助医生进行诊断，如图 9-14 所示。

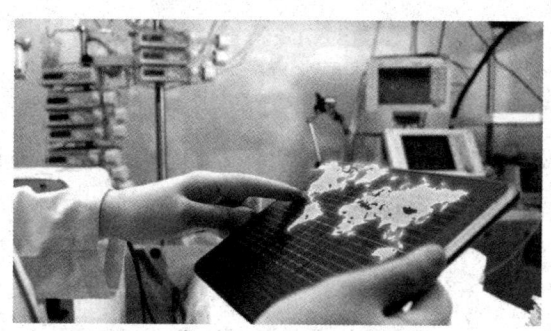

图 9-14　人工智能辅助医学影像诊断分析

（2）影像三维重建与配准。近年来，X 射线、计算机断层扫描（CT）、磁共振成像（MRI）、正电子发射计算机断层显像（PET）等现代医学成像技术的出现促进了传统医学成像设备的更新与变革。医学影像可形成二维曲面和三维实体,传统的影像识别大多数是二维曲面,医生做出精准判断的难度较大,而智能医学成像设备所形成的医学影像多为三维实体,其更贴近于患者的实际情况,便于医生更好地诊断,提高了诊断的精确度。

医生能够利用智能成像设备以三维模式全方位、多层次地分割与重建一系列断层图像,对患者病变区域采取无创伤手段进行观察与诊断,三维重建(如图9-15所示的肋骨CT三维重建)的模型为临床医生提供了诊断治疗的得力辅助工具,在现代医疗中发挥着越来越重要的作用。影像三维重建的需求,即针对手术环节需要AI医学影像产品在人工智能识别的基础上进行三维重建。针对这种需求,人工智能可以利用基于灰度统计量的配准算法和基于特征点的配准算法解决断层图像配准问题,节省配准时间,提高配准效率。

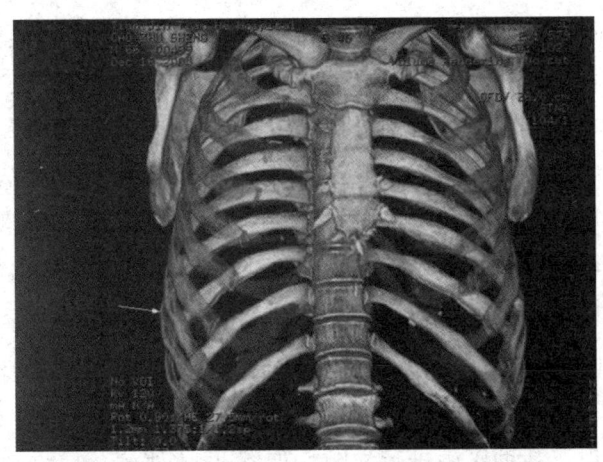

图9-15 肋骨CT三维重建

(3)智能手术视频解析。智能手术视频解析在智能手术中起着至关重要的作用,是智能手术的重要基础。智能手术视频解析将机器学习算法与医疗结合起来,通过对手术流程、手术特定动作、手术器皿等手术内容进行解析,让机器通过视频了解当前的手术操作,可以使计算机帮助医师在手术中做出合理的选择,协助医师规划下一步的手术操作,并通过比对数据库中的内容揭示手术中医师各个操作的细节。尽管手术视频解析起步较晚,目前只能应用于一些简单的手术(如胆囊切除术)中,但其已经具备成熟的技术思路和方法。①

---

① 周瑞泉,纪洪辰,刘荣.智能医学影像识别研究现状与展望[J].第二军医大学学报,2018,39(8):917-922.

(三) 智能药物研发

2019年发布的由上海交通大学人工智能研究院等研究团队研究及撰写的《中国人工智能医疗白皮书》显示,在过去漫长的一段时间里,化学仿制品是我国药物研发的主流趋势。然而,化学仿制品具有耗时长、研发难度大、成本高、产出低等痛点,同时,我国仿制药研发极其困难,而国外的癌症新药、特效新药又难以进入我国市场。面对时间和资金的大量投入换来微乎其微的产出的情况,政府和研发人员开始寻求新的技术以摆脱当前的困境,人工智能技术与药物研发结合成为行业发展的必然趋势。

我国的药物研发具有广阔的发展空间,将机器学习与人工智能技术用于药物研发,不仅可以节约研发时间和研发经费,还可以提高药物研发的成功率。

药物研发过程可以分为药物挖掘和临床试验两个阶段。药物挖掘属于早期研究阶段,涉及靶点筛选和化合物筛选,这一阶段可分为化合物研究和临床前研究,一般需要3～6年的时间。而临床试验又分为临床一期、临床二期、临床三期,涉及试验者招募和药物晶型预测,这一阶段耗时最长,需6～7年的时间。只有经过药物挖掘和临床试验两个阶段的新药物才能进入药物审批流程并最终进入市场,这一过程耗时较短,一般为半年到两年不等。因此我们不难发现,新药物从研发到上市需要10～15年的时间,平均成本26亿美元,其中药物研发的时间成本高达11.6亿美元。[①]

如图9-16所示,将人工智能技术应用于药物研发将起到很大的推进作用,新技术为解决药物研发难点提供了极大的可能。在靶点筛选过程中,人工智能技术可以代替研发人员对新的数据信息进行关注,并从海量的数据中筛选出有用的信息,以文本分析作为人工智能与药物研发的结合点,进行生物化学预测。药物挖掘亦即先导化合物筛选,有高通量筛选和虚拟药物筛选两种方式。将计算机视觉与高通量筛选结合起来,可以在短时间内完成对药物的筛选,提高筛选的效率;将机器学习与虚拟药物筛选结合起来不仅可以降低药物筛选的成本,还可以提高筛选的精确度。Atomwise开发了基于卷积神经网络的AtomNet系统,该系统通过学习化学知识和研究资料,可以分析化合物的构效关系,识别医药化学中的基础模块,用于新药发现和评估新药风险。2015年,AtomNet仅用时一周就

---

① 董可男,王楠.智能医疗时代的曙光——人工智能＋健康医疗应用概览[J].大数据时代,2017(4):26-37.

模拟出两种潜在用于埃博拉病毒治疗的化合物。[①]

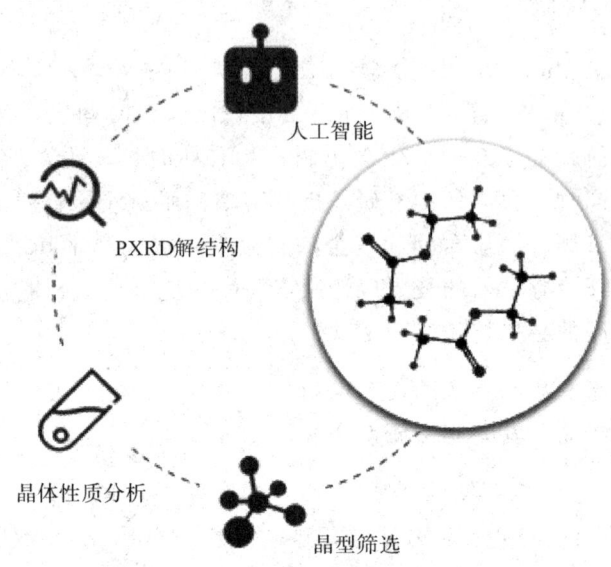

图 9-16　人工智能加速药物研发

在试验者招募过程中，一般难以在短期内找到一定数量的符合试验要求的患者，这无疑会影响药物的上市时间，而如果借助于人工智能技术对患者的病例进行分析与筛选，则可以大大缩短招募时间及提高招募者的质量，精准定位目标患者。药物晶型是影响药物质量和临床效果的关键因素，并且其专利价值巨大，在药物晶型预测过程中，人工智能技术根据不同晶型的药物的稳定性与疗效对药物晶型做出高效动态的配置，以预测出全部可能的晶型，进一步从所有可能晶型中筛选出合适的晶型，缩短了开发周期，还节约了成本。

（四）智能健康管理

健康管理是一种全面管理人们可能遭遇的各种健康危险因素的过程，其采取的是一种非医疗的手段，对人们的身心进行监测，以调动人们的积极性达到最大的健康效果。随着人们追求更加高质的生活体验，智能健康管理成为医疗行业发展的一个新动向。智能健康管理以大数据、人工智能技术等新一代智能技术为技术支撑，以为大众提供高质的智能医疗服务为目标，竭力为人类打造健康高质的生活，是智能技术与医疗行业深度融合而催生的一种新业态。如果说健康管理是

[①] 宋立华. AI＋药物研发走向风口[N]. 中国企业报，2019-01-29(10).

社会发展的现实需要，智能健康管理则是引领健康服务的全新潮流，智能健康管理让健康无处不在。

人工智能与健康管理的结合体现在疾病预测、血糖管理、健康要素检测、生活品质提升四个方面。在疾病预测方面，英国牛津大学开发了一种基于人工智能技术能够提前五年预测心脏病风险的新工具，该种新型疾病预测工具借助于机器学习算法和大数据，在深度分析大量的血管数据之后，开发出一种能够识别为心脏供血的血管周边间隙是否出现异常的全新生物标记物。这种新型预测工具具有比现有医学诊断更高的精确率，加之机器学习的特性，加入的扫描数据越丰富，预测就越准确，人们能够及时、准确地对疾病进行预防和监控。在血糖管理方面，建安华夏通过机器学习算法与其他技术建立了糖尿病模型，该模型能够对患者的血糖数据进行预测并分析其影响因子，进而为糖尿病患者提供个性化的控糖方案，以期实现高效高质管理，如图 9-17 所示。

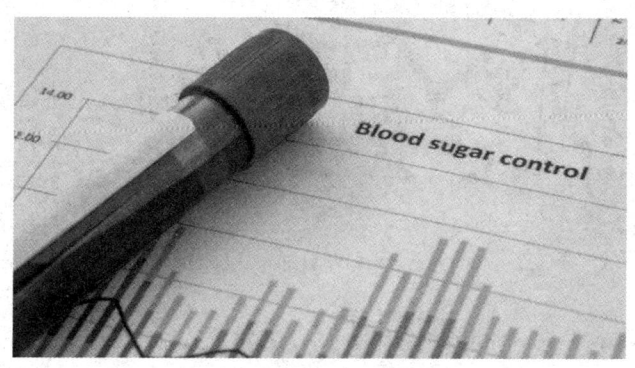

图 9-17　智能血糖控制

三、行业拓展：5G 远程医疗

人工智能、5G 等智能技术的飞快发展促进了智能手机等智能通信设备的普及，也对重塑医疗行业产生了深刻影响。现阶段，越来越多的医疗服务工作者将智能通信设备应用于医疗工作中，其中，以人工智能技术和 5G 技术为技术支撑的远程医疗迎来了发展机遇。

人们曾幻想足不出户就可以获知来自世界各地的信息，计算机的出现将幻想变为现实，实现了在家就能感知外界的信息。人们有时不想买菜做饭，于是美团、饿了么、百度外卖等外卖平台为人们提供了菜品多样的外卖服务,解决了人们的吃饭需求,如果想自己在家做饭而又不想出去买菜,则可选择每日优鲜、京东到家等各种一小时即达的菜品采购配送服务,这极大地满足了消费者的需求。由于工作或学业繁忙而没时间逛街买东西时,唯品会、淘宝等各大电商平台为我们提供了极大的便利,只需利用上下班坐车等空余时间在网上轻轻一点,所购物品就会送货到家,无须花大量的时间去实体店购买。那么,在面对看病难的医疗痛点时,我们不禁在想,有没有一种技术能够免去患者排队、挂号等一系列高耗时的环节,使人们在足不出户的情况下就可以完成看病就诊?随着人工智能、5G 等智能技术的日益完善与广泛应用,远程医疗应运而生。如图 9-18 所示,远程医疗的出现能够为偏远山区等地区居民的就医提供帮助。

图 9-18　远程医疗助力医院帮扶

所谓远程医疗(telemedicine),简而言之就是一种远程进行的医疗操作。从广义上看,远程医疗是指依托计算机、遥感、遥测、遥控等技术,以人工智能、5G 等智能技术为技术支撑,借助于各种智能医疗设备和通信设备对医疗条件较差的偏远山区或特殊环境提供远距离医学信息和服务;从狭义上看,指的是包括远程影像学、远程诊断及会诊、远程护理等医疗活动在内的远程医疗。

远程医疗在我国起步虽然较晚,但公开数据显示,近几年随着人工智能、5G 等智能技术的发展与应用,我国远程医疗的市场规模逐步扩大。如图 9-19 所示,2013—2018 年,我国远程医疗市场规模快速增长,从 22.1 亿元猛增到 130 亿元,增加了 107.9 亿元,具有非常可观的市场前景,从图 9-19 中可以看出,近几年我国远程医疗行业市场规模的增长率除在 2017 年略有下降外,基本上持续上涨,在 2018 年更是取得了较大增长,增长率超过 60%,130 亿元的市场规模足足比预测的高出 15.5 亿元。

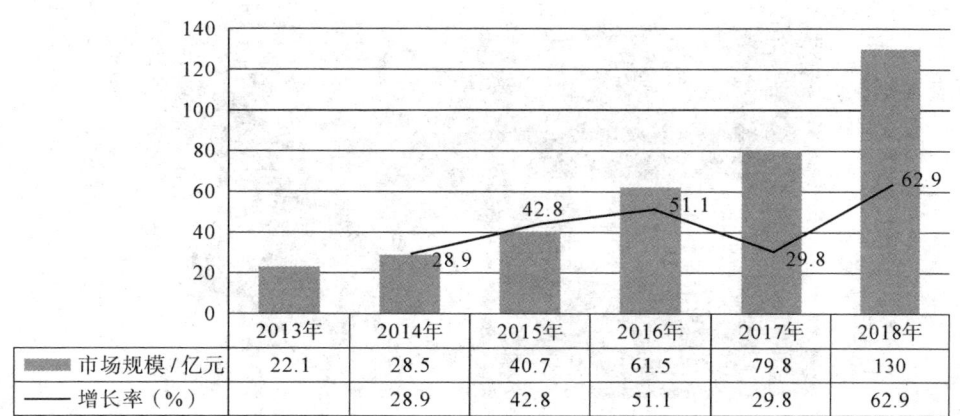

图 9-19　2013—2018 年我国远程医疗市场规模

根据国家卫生健康委的规定，现阶段远程医疗的服务项目包括：远程病理诊断、远程医学影像（含影像、超声、核医学、心电图、肌电图、脑电图等）诊断、远程监护、远程会诊、远程门诊、远程病例讨论、远程手术等。①

（1）远程病理诊断。在"智能＋"时代，远程病理诊断是智能医疗不可或缺的重要环节。我们知道，在偏远地区，各种医疗设施严重匮乏，而且看病难、看病贵的难题非常突出，病理医生的缺乏一直是困扰当地医疗机构的重要难题。以地处粤北的连南医院为例，该医院一个病理医生都没有，如果当地病人需要做病理诊断只能交给外包病理公司，这种诊断无疑会使收到病理报告的时间过长。面对着病理设备高昂的购置成本及病理医生引进的高度困难，远程病理诊断成为当下最佳的解决方案。2017年10月，广东药科大学附属第一医院（广药一院）成立远程智能病理诊断中心，借助于远程智能病理系统（如图 9-20 所示），连南医院能够与广药一院的病理医生进行远程同步病理结果交流，广药一院能够向帮扶的连南医院及时发出报告与反馈诊断结果，这也使山区人民享受到了三甲医院优质的资源和服务。

（2）远程手术。远程手术是远程医疗的重要组成部分，是集虚拟现实技术与网络技术于一体的一种新型医疗技术，打破了传统医疗只能线下操作的空间界限，可以跨越千里进行远程医疗操作，为解决当前医疗资源地区分布不均匀、医护人员短缺等痛点提供了极佳的解决方案。远程手术示教、指导与操纵是远程手术的三个发展阶段。

---

① 左雾.看病不再难，云＋5G 让智慧医疗触手可及[J].互联网周刊,2019(15):20-21.

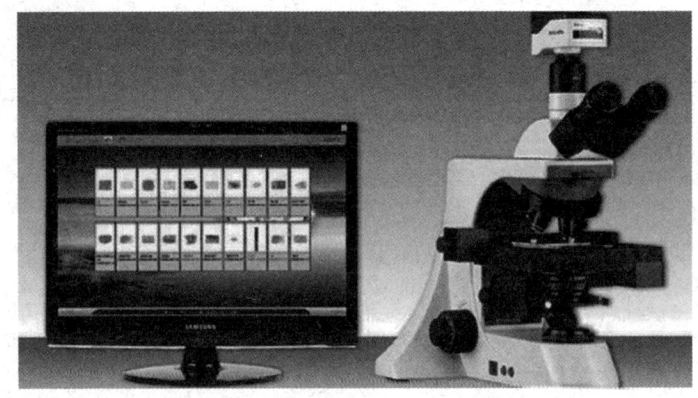

图 9-20 远程智能病理系统

远程手术示教是指将手术室内医生的手术过程以及各种手术设备的视频资料,采用视音频数字化编码转播示教系统,通过网络通信技术在院内院外进行直播,在保证手术室内无菌条件的情况下为医院实现了远程可视化教学、实时教学,还扩大了教学范围。

远程手术指导是指基于 5G 网络,一医院医护人员根据视频实时画面对另一医院正在进行的手术进行手术实时指导,如图 9-21 所示。以安徽省内首例 5G(SA)远程手术指导的成功实现为例,该手术是由安徽医科大学第二附属医院(安医大二附院)和池州市石台县人民医院的医生基于 5G 网络而进行的腹腔镜胆囊切除手术。石台县人民医院的外科副主任在相距 256 km 的安医大二附院专家借助于移动 5G 网络操作机械臂的远程指导之下,为一位胆囊结石患者进行手术,高清还原的影像设备、流畅清晰的视频交流、5G 技术与人工智能技术在远程手术指导中的完美结合为远程手术指导的圆满开展提供了技术支持。

远程手术操控是指医生借助于远程手术控制设备对远端患者进行异地、实时的手术,手术效果在很大程度上取决于数据传输时延及质量,因此对传输网络提出了重大挑战。[①]

2019 年,我国首例基于 5G 的远程人体手术,即帕金森病"脑起搏器"植入手术的成功完成,拉开了我国远程人体手术的序幕,此后,我国实施了多次远程手术,均取得了圆满成功。

---

① 刘金鑫,靳泽宇,李雯雯,等.5G 远程医疗的探索与实践[J].电信工程技术与标准化,2019,32(6):83-86.

第四部分　化繁为简，品质生活
第九章　智能医疗：智能互联，信息共享

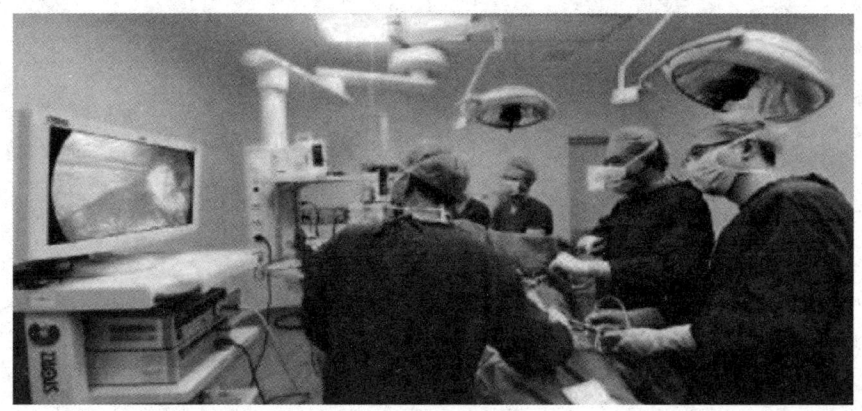

图 9-21　5G 远程手术现场

我们知道，"脑起搏器"植入手术对医生的专业知识和临床经验具有很高的要求，基层医院一般不具备实施手术的条件，而随着各种智能技术对医疗机构的赋能，远程手术跨越时空界限成为现实。在我国首例 5G 远程人体手术中，医生和患者之间跨越了 3 000 km，位于海南的医生通过远程操控 5G 机械臂对位于北京中国人民解放军总医院的患者进行"脑起搏器"植入手术，如图 9-22 所示，耗时近 3 小时，最终成功完成了手术，且术后病人状态良好。

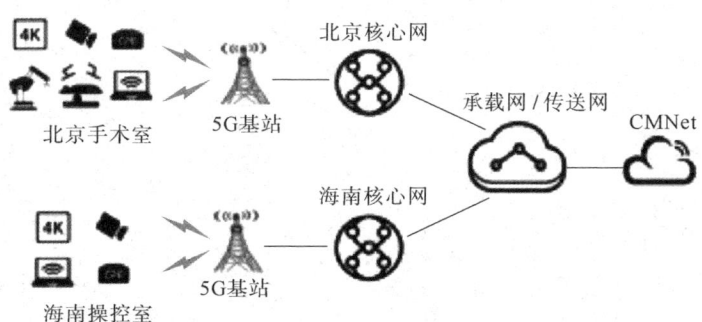

图 9-22　5G 远程手术业务端到端演示系统架构

2019 年是 5G 发展的元年，5G 技术与医疗行业的结合为病患提供了更好的医疗条件。同时，5G 技术与人工智能等智能技术的聚变发展有效地缓解了病患两地奔波的困苦、医疗资源地区分布不均匀与短缺的痛点，使政府持续推动和深化医疗改革得到了强而有效的贯彻落实。

· 173 ·

第十章

智能教育：自我意识觉醒，教育回归本质

行业现状：智能教育市场现状
科技赋能：教育场景智能化
智能产品：教育机器人

持续终身的教育对个人和群体会产生持久而深远的影响。当前，各行各业在人工智能、大数据等智能技术的全面赋能下，都呈现出传统业态转型升级、新业态蓬勃发展的新态势。面对科技赋能而呈现出的全新发展态势，教育必须变革，在智能化的大潮流中顺应时代发展要求而实现现代化。人工智能技术已渗透教育领域的各个环节，是智能教育的技术支撑，为传统教育向智能化转型提供了重要的驱动力。智能教育是教育行业发展的必然趋势。

一、行业现状：智能教育市场现状

人才是第一资源，是最为宝贵的资源，是实现民族振兴、赢得国际竞争力的战略资源，而人才的培育依赖于教育。一个人的价值，不在于生命的长度，而在于生命的质量和价值，教育的本质是对一个人生命的质量和价值的拓展与延伸。提高人生命的质量，就是使其将来能够过上有尊严而又幸福的生活；提高人生命的价值，就是使其能够为社会、人类做出一定的贡献，这两者要统一起来。[①] 立德树人的教育理念贯穿教育发展的始终，使每个人得到全面健康的发展是教育的基本职能之一。然而，当下的应试教育体制的弊端日益显现，教育发展越来越偏离教育现代化的目标。

教育发展到当下，产生了一种新的社会现象——"陪读"，不仅有"家长陪读"，还有"老师陪读"。"陪读"现象是一种不正常的教育现象，但是其契合了当今时代教育发展的实际，"陪读"作为当前教育的独特共象，并不少见，在中小学里有约三分之一的学生家长在"陪读"，"陪读"人群备受社会关注。

对农村孩子来说，要想摆脱贫困生活，读书似乎是唯一的捷径，他们希望通过高考来改变命运，然而，农村地区教育环境较差，教育资源比较匮乏，相对于大城市的学生来说，农村地区的学生各种外部条件明显不足，相对处于弱势地位，使得当今时代寒门再难出贵子。

艾瑞深中国校友会网调查数据显示，最近十年，父母为大学教授、公务员等高级知识分子的家庭的状元所占比例逐年上升，而来自农村、经济状况欠佳家庭的状元所占比例下降。无论是农村家长还是城市家长，对每一个"望子成龙、望女成凤"的家长而言，他们都希望给予孩子最好的教育环境和教育资源，于是，从小城镇到大城市求学就成为众多农村家长的选择，城市家长也"不甘示弱"地选择了"陪读"，随处可见的"陪读"现象促进了课外辅导市场的扩大。

课外辅导是中国式"陪读"的精神支柱，近几年来，各大课外辅导机构相继涌现，课外辅导市场规模大幅度扩张，各大机构之间的竞争日趋激烈，课外辅导也从侧面折射出了"家长陪读"和"老师陪读"的现象。课外辅导市场以学前教

[①] 顾明远.互联网时代的未来教育[J].清华大学教育研究,2017,38(6):1-3.

育、中小学教育为主要辅导方向。目前，学前教育辅导在我国尚处于起步阶段，其发展潜力巨大。公开资料显示，2017年我国学前教育的市场规模已达到2 143亿元，大约有12.7%的幼儿园儿童参加课外辅导。当然，不同阶段的学生进行课外辅导的比例也不尽相同，随着年级的升高，升学的压力更加繁重，为了能在众多学子中脱颖而出，参加课外辅导的学生逐步增加。公开数据显示，2017年参与课外辅导的学生中，小学生占阶段的21.9%，初中生占阶段的36.8%，而面对高考升学压力的高中生的占比远高于其他阶段的学生的占比，达到了该阶段的57.8%，如图10-1所示。

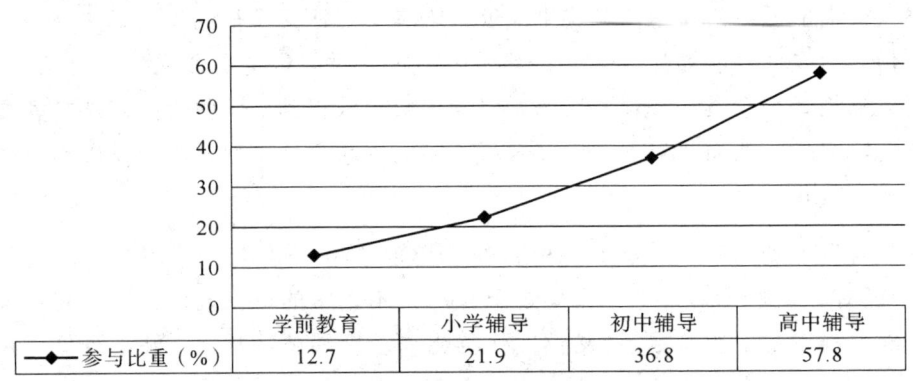

图10-1　2017年我国不同阶段学生的课外辅导比重

资料来源：根据公开资料整理。

近几年来，课外辅导市场一直备受资本青睐。公开资料显示，课外辅导行业收入呈逐年上升趋势，如图10-2所示，我国课外辅导市场收入由2012年的2 281亿元上涨到2017年的3 930亿元，同时，这几年都保持着10%以上的增长速度。此外，随着互联网等技术的应用与发展，课外辅导不再局限于线下教学，线上教育逐步成为课外辅导的新趋势，课外辅导中的线上教育稳步上升发展，其市场规模近几年实现了大幅度跃升。

家长的"陪读"使孩子能够安心学习，使家校合作能更有效地进行，还带来了经济利益，促进了课外辅导市场的扩大。然而，"陪读"现象折射出了传统教育的弊端，安心学习的孩子把自己的注意力完全集中在学习这一件事上，忽略了很多成长锻炼的机会，还会加大父母与子女之间的摩擦，而依赖于家长"陪读"才能更好地开展家校合作的学校会形成推卸责任的不良风气。

显而易见，家长"陪读"的背后是对应试教育和唯升学率论的屈服，也是对孩子成长的一种阻碍。尽管在一段时间内"陪读"能帮助孩子减轻压力，但成长本就如此，压力只能靠孩子自己去扛，如果学习压力大到非要家长来帮助应对，

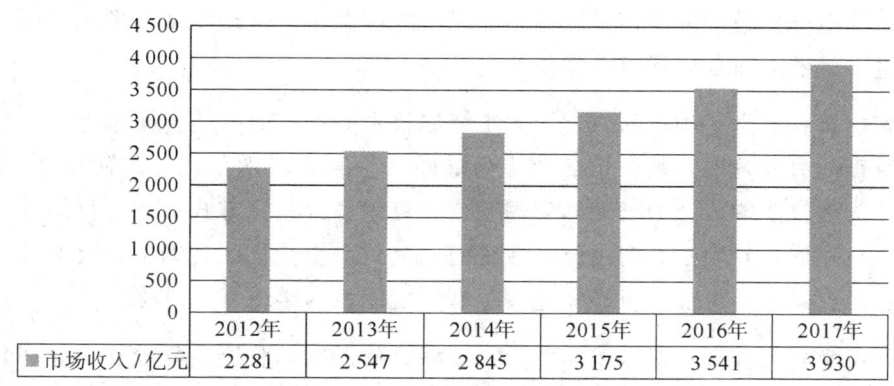

图10-2 2012—2017年我国课外辅导市场收入
资料来源：根据公开资料整理。

则意味着教育问题不少。① 当然，"陪读"现象所折射出的传统教育的弊端还只是冰山一角。

对处在"智能+"时代的我们来说，科技的足迹遍布生活的方方面面。就教育行业而言，人工智能等智能技术通过对教育行业的赋能推动了行业的转型升级，无疑为实现教育现代化的目标、弥补传统教育的弊端提供了有力的技术支撑。在如今所处的智能经济时代，人工智能、大数据等智能技术在与教育行业发生碰撞时，通过赋能教育行业，擦出了智能教育的火花。

在"智能教育"被广泛提及之前，备受学术界关注的是"智慧教育"，当下人们对智慧教育已经有了深刻而全面的认识。所谓智慧教育，指的是依托新一代信息技术所打造的泛在化、感知化、一体化、智能化的新型教育生态系统，通过实现教育环境、教育资源和教育管理的智慧化，使教师能够高效率教学，使学生能够个性化学习，最终为学生、教师、管理者、家长、社会公众等提供智慧化的教育服务。②

随着人工智能等智能技术与教育行业的融合日益紧密，为了更加突出教育行业对智能技术的重视，学术界逐步将研究的重心转向智能教育，智能教育是智慧教育的进一步升级与优化。所谓智能教育（AIED），指的是人工智能技术与教育的融合，其并不是人工智能技术与教育的简单相加，而是二者的深度融合，智能教育借助人工智能技术对教育大数据的深入分析，针对学生在学习方面的各种实际情况，如所掌握的基础知识、学科偏好、思维与能力等，为学生量身定制适

---

① 王瑶.陪读陪丢了成长自觉[J].发明与创新（大科技），2017(2):29.
② 王亚飞,刘邦奇.智能教育应用研究概述[J].现代教育技术,2018,28(1):5-11.

合学生的精准化教学方案，采取科学的因材施教举措，推动学生个性化学习，进而促进学生的全面发展和综合素质的提升。

智能教育扩宽了教育的宽度，人工智能技术为教育的赋能促使教育信息化朝着多维度的方向发展，教育信息化不再局限于教育手段的信息化，而是全方位、多角度为教育赋能，全力推动教育理念、教育内容、教育方式、教育目的等方面的信息化发展，致力于打造由传统教育向均衡化、个性化的智能教育改革和转变的全新教育局面，更加注重教学过程中师生之间教与学的互动过程。

智能教育是人工智能技术与教育深度融合的产物，政府、学校和企业在其中扮演着重要的角色，三者缺一不可，三者之间的合理分工与科学搭配加速了智能教育的开展与实施，构建了精准教学与个性化学习的智能教育服务体系。当前，智能教育尚处于起步阶段，从其国内外市场规模和投融资状况来看，智能教育市场前景可观。

在市场规模方面，公开资料显示，2010年至今，我国智能教育产业发展飞快，智能教育市场规模保持逐年上涨。如图10-3所示，智能教育市场规模从2010年的875亿元扩大到2017年的4 542亿元，其中2016年的市场规模为3 814亿元，同比增长10.58%，2017年较2016年同比增长19.09%，2018年智能教育市场规模达到5 320亿元，同比增长17.13%，行业继续保持平稳的年复合增长率，市场规模增长飞快。从2010—2018年智能教育行业的市场规模来看，行业增长率虽有升有降，但总体增长率趋于平稳，若行业仍保持目前这种10%以上的增速，预计智能教育行业2019年的市场规模有望突破6 000亿元。

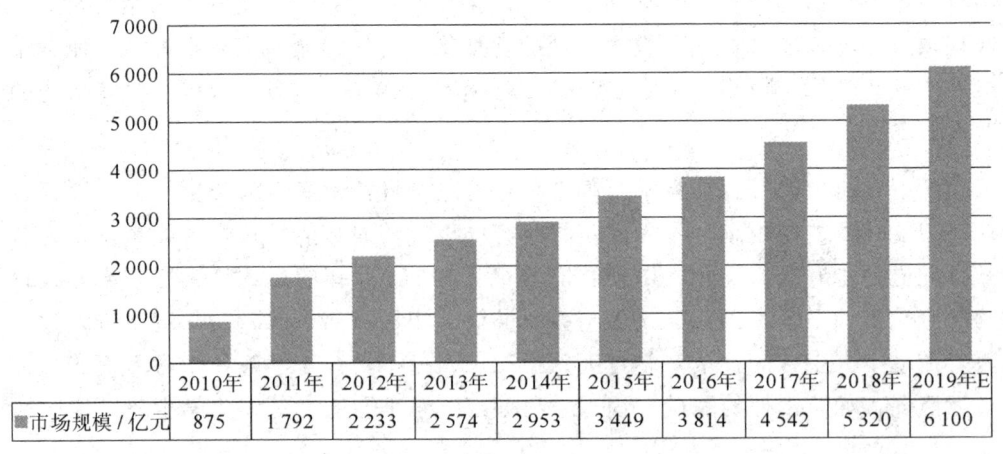

图10-3　2010—2018年中国智能教育市场规模

资料来源：根据公开资料整理。

在企业融资数量和金额方面,亿欧智库的数据显示,截至 2019 年 8 月 15 日,全球开展智能教育融资的企业和融资金额主要集中在中国、美国和欧洲,其中我国融资企业和融资金额高居榜首,融资金额总数高达 52.25 亿美元,其次是美国,欧洲位列第三,如图 10-4 所示。

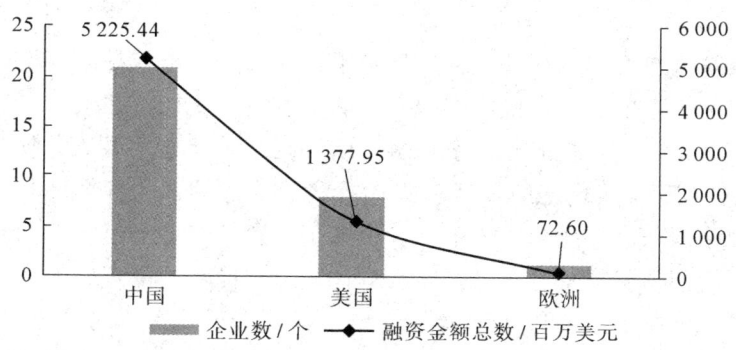

图 10-4　全球人工智能教育企业融资 TOP 30 分布

资料来源:亿欧智库。

企业在人工智能教育领域中的业务可分为自适应学习、语言学习相关、职前及职业教育、工具平台类、陪伴机器人类、虚拟教师、机构与教师管理、拍照搜题、论文查重等类别,亿欧智库整理的资料显示,美国在各种类型的业务中融资力度都较大,其次是中国,中国和欧洲在语言学习相关业务中融资企业最多,而美国融资企业较多的为自适应学习这一类别。

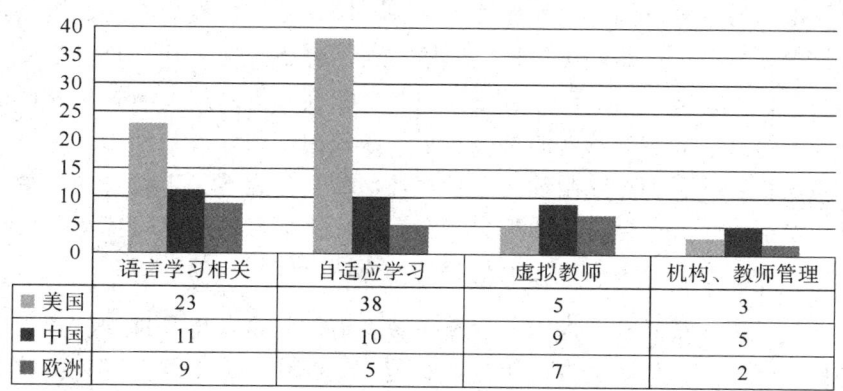

图 10-5　人工智能教育企业业务融资情况

资料来源:根据亿欧智库资料整理。

二、科技赋能：教育场景智能化

智能教育既包括智能基础设施、技术平台和应用系统等技术环境建设，又包括智能技术和教育融合、人机协作的教师队伍、技术支持下的教学应用、伦理与安全保障等多个要素，是一个要素众多、结构复杂、动态发展的完整教育生态体系。[1] 智能教育颠覆了传统的教育模式，重塑了传统教育的各个环节，在智能技术与教育教学深入高效融合的过程中，为各个教育环节插上了智能的翅膀，智能教育环境、智能学习支持过程、智能教育评价、智能教师助理、教育智能管理与服务五大智能教育场景为教育增能、使能、赋能，形成了在线教育、智慧校园、智慧课堂等智能教育行业细分市场，以智能化实现教育教学的个性化、最优化、信息化，进而达到1＋1＞2的教育效果。

（一）智能教育环境

环境的优劣会对个人产生重要影响。教育环境是指制约和调控教育的实施与开展的空间和基础设施。教育环境作为教育活动的支撑空间和外部条件，对于教育共同体的发展具有重要的支持作用。[2]

根据不同的划分方法，教育环境有多种不同的分类，最简单的是按照环境的内容将教育环境分为自然环境和社会环境。自然环境是会对开展教育产生影响的所有自然条件，如学校的地理位置、光线等；社会环境则是影响教育开展的全部社会条件的综合，如科学技术的发展水平、学校内部的物质条件等。教育与教育环境之间是相互关联、相互制约的，教育环境的优劣直接关乎教育的质量，良好的教育环境会对个人产生正面的导向、激励作用，而不良的教育环境不仅会阻碍教育的发展，还会对个人产生负面的误导性影响。

在人们日益重视教育的今天，营造一个良好的教育环境是推进教育现代化的先决条件。当今，人类社会发展迈进"智能＋"时代，人工智能等智能技术的赋能使得人们的学习正处于智能教育的大环境下。近年来，科技赋能教育的力度日趋强烈，以海尔为例，海尔是营造智能教育环境的构建者，以智能学习电子纸、

---

[1] 刘邦奇,黄蔚.推动智能教育创新发展[N].中国教育报,2019-09-19(8).
[2] 赵秋锦,杨现民,王帆.智慧教育环境的系统模型设计[J].现代教育技术,2014,24(10):12-18.

智能桌式学习机、智能实验室为典型代表的海尔AI未来教室提供了一个将人工智能技术引入教学的平台，如图10-6所示。其中，具有护眼、减负、环保等优点的智能学习电子纸不仅能够自动批阅学生作业的客观题部分和自动归纳错题，还能够使教师一键收集学生作业、进行作业分享与读物分享，在作业、笔记、

图10-6　海尔AI未来教室

阅读、课堂四个方面打造一个良好的智能教育环境；智能桌式学习机能够聚焦学生校内和校外不同的学习场景，实现学习机的多元用途；智能实验室把先进技术与实际教学需求结合起来，为学生提供高效、便捷、安全、科学的科学实验体验。海尔AI未来教室实现了成套智能环境的构建，迄今为止，海尔AI未来教室备受投资者青睐，逐步扩大市场规模，截至2019年11月，已经与全国1 511所高校达成战略合作。

（二）在线教育

智能技术对教育的赋能使得教育形式多样，在线教育逐步发展起来。所谓在线教育（E-learning），指的是以计算机网络等为传播媒介的教育方式，在线教育中，师生不再面对面地教学与交流，学生也不再需要在约定的时间去约定的地点学习新知识，摆脱了时间与空间的限制，学生可以随时随地通过观看视频来学习知识，因此又称其为远程教育或在线学习。在线教育作为一种新型的教学方式，备受资本的青睐，近几年来，创业公司融资不断，百度、阿里巴巴、腾讯（BAT）等互联网巨头持续加码，在线教育具有广阔的发展空间。

1996年以101网校为代表的远程教育网站是在线教育的雏形，受限于当时的技术条件，在线教育一直未能发展起来，直到2013年，互联网等技术的发展掀起了一股BAT等互联网巨头对在线教育进行投资的浪潮，在线教育由此如火如荼地大规模发展起来。近几年来，在线教育行业出现了众多的初创企业，随着网络技术越来越发达，在线教育得到越来越多消费群体的青睐，在线教育的受众人群越来越广泛，吸引了一大批资本的加持，世界各国政府也纷纷布局在线教育，因此2013年又被认为是在线教育元年。在互联网等技术的飞速渗透之下，各大互联网巨头纷纷加大了投资力度，在线教育市场涌入了大量的资金与人才，

并吸引了大量的用户,市场规模不断扩大。可以预见,后疫情时代在线教育的社会需求会更大,发展速度也会更快。

在线教育是智能教育的重要细分领域之一,在互联网和人工智能等新一代信息技术的推动下,消费者用于获取与接收外界信息的智能设备越来越多,接受知识的途径也逐渐朝多渠道、多元化方向发展,中国网民数量急剧增长,在线教育用户规模呈逐年递增态势。如图 10-7 所示,2015 年,我国在线教育用户规模仅为 1 亿人,而 2018 年的在线教育用户规模突破 2 亿人,其中,手机在线教育用户规模为 1.94 亿人,网民使用率高达 24.3%,而手机网民使用率为 23.80%。近年来,互联网的普及和网民数量的大幅提升实现了在线教育用户规模的大幅度扩张,在线教育是大势所趋。

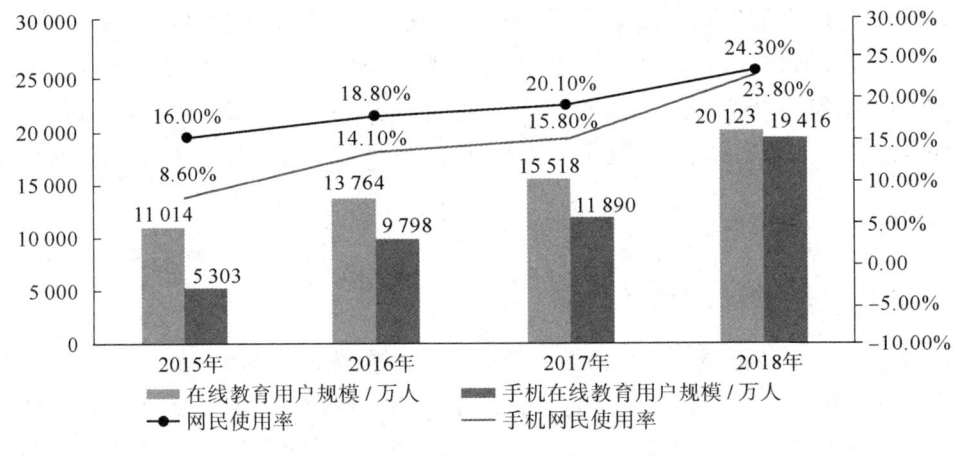

图 10-7　2015—2018 年我国在线教育用户规模
资料来源:前瞻产业研究院整理。

如图 10-8 所示,2018 年在线教育市场规模突破 2 000 亿元,行业进入快速增长阶段。从图 10-8 中可以看到,我国在线教育市场规模由 2012 年的 701 亿元上涨到 2018 年的 2 336 亿元,总体上增长率呈逐年上升态势,远远高于线下教育的增长率。我国已经形成了线上线下同步辅导的课外辅导市场,按此增速,预计在 2022 年,在线教育市场规模将首次超越线下辅导市场规模,在线教育将成为我国课外辅导市场的主要力量。

我国在线教育处于行业扩张的初级阶段,主要涉及职业培训、高等学历教育、K12 教育以及其他教育,如图 10-9 所示。职业培训是我国在线教育最初的市场模式,其中以注册会计师(CPA)培训最为盛行,参加职业培训和高等学历教育的人员绝大部分为成年人,他们要么是为了提高自己的职业技能,要

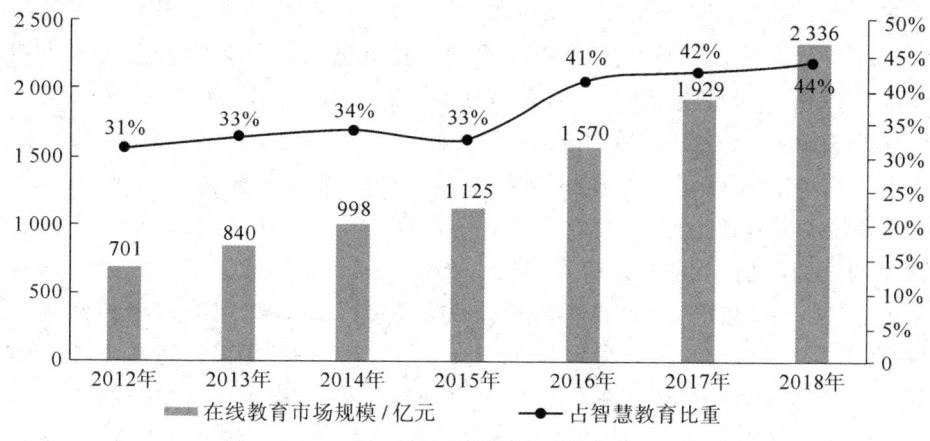

图 10-8 2012—2018 年我国在线教育市场规模
资料来源：前瞻产业研究院整理。

么是为了考研、考公等各类考试，这类人群自觉性较强，有较为明确的目标，自主学习意识较强，在在线教育市场规模中占有较大的比重，是在线教育的主要目标客户群体，其市场占有率约为 80%。而选择 K12 教育的人群多以小升初、中高考为目的，他们的目的性较强，因此 K12 教育市场刚需强，但这一阶段的学生自控力较弱，大部分在报补习班时会倾向于选择线下辅导，此外，随着互联网技术的普及以及人们对技术的掌握与熟练使用，用户对在线教育也逐渐接受并开始尝试，K12 教育市场规模占比由 2012 年的 9% 上升到 2018 年的 18%，保持平稳增长。除职业培训、高等学历教育、K12 教育外，其他教育近年来增速稳定，基本上维持着 4% 的市场占有率。

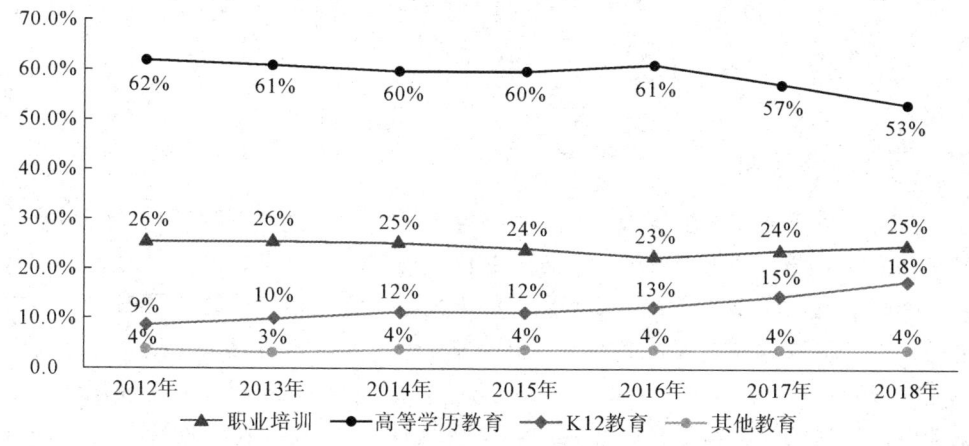

图 10-9 2012—2018 年我国在线教育细分市场结构
资料来源：前瞻产业研究院整理。

在线教育发展到当下，其广阔的市场前景、广泛覆盖的知识面、创新的教学模式和产品结构使得众多的投资者看到了投资亮点，更多的社会资本将在线教育瞄准为新一轮投资风口，BAT等互联网巨头对其不同程度的加码布局更是将在线教育推上投资的风口浪尖，初创企业也将苗头对准在线教育。近年来，多方资本大规模涌入，在线教育投融资事件层出不穷。如图10-10所示，在线教育投融资案例数由2013年的72起增加到2016年的298起，达到了投融资案例数的峰值，其中2014年为210起，较2013年增加了138起，增幅巨大，虽然在2017年和2018年投融资案例数略有下降，但在线教育的浪潮仍未退去。截至目前，我国在线教育行业已有包括全通教育、正保远程教育、51Talk、尚德机构、英语流利说、新东方在线、沪江教育科技在内的7家上市企业，在资本投入和技术创新的推动下，我国在线教育行业迈入资本化的新阶段。

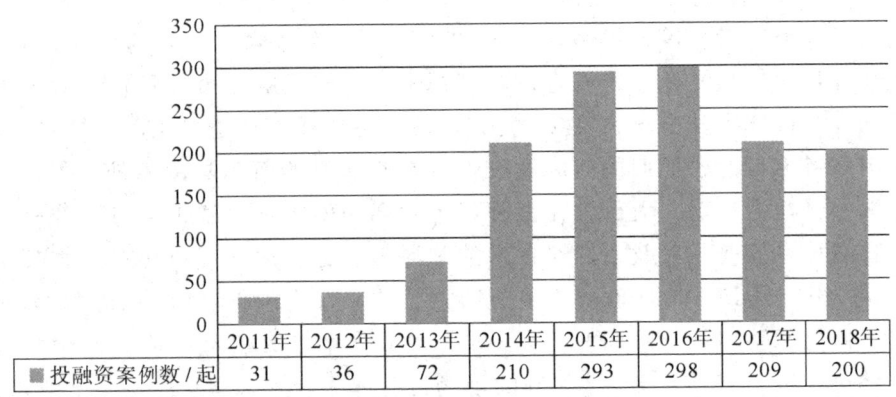

图10-10　2011—2018年我国在线教育投融资案例数
资料来源：前瞻产业研究院整理。

（三）智慧校园

校园是最普遍的学生学习知识的场所，以宽带校园、平安校园、智联校园、智慧教室为典型代表的智慧校园构成了我国智能教育的基础，其中，宽带校园优化了用网渠道，对原来需要连接网线才能上网的网络连接模式进行了升级，旨在实现校园宽带网络全接入、全覆盖，提高宽带接入率。如图10-11所示，我国贫困村宽带用户规模在2014年仅约9 000万户，而截至2018年年底，我国贫困村宽带用户规模已经高达2.14亿户。当前，我国中小学校园宽带网络覆盖率正在逐步提高，部分地区已实现了中小学用网全覆盖。

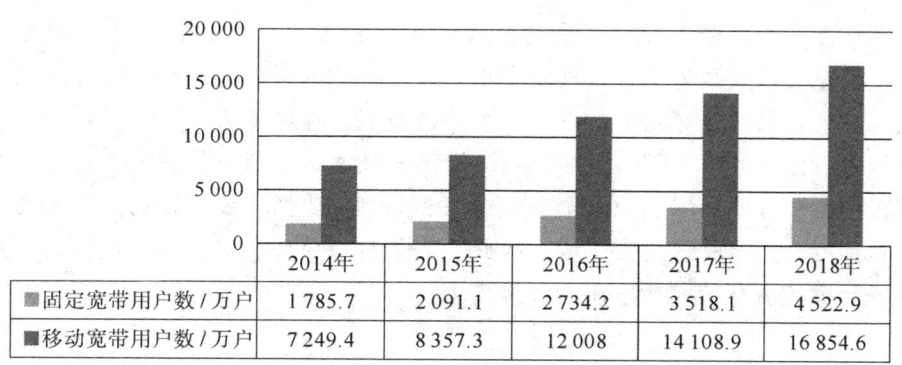

图 10-11　2014—2018 年我国贫困村宽带用户规模

资料来源：国家互联网信息办公室。

平安校园、智联校园、智慧教室是行业发展的新风口，借助于人工智能、物联网、大数据等智能技术，旨在打造一个以校园监控为中心，在校园周界、校园信息发布、校园出入口及道路、校园楼宇消防、校园重要区域等方面更加智慧化、智能化的平安校园；打造一个以绿色智能校园、校园资产管理、校园一卡通、考勤签到管理、学生定位管理为智能一体化体系的智联校园；打造一个以标准化考点、智慧课堂等为重点的智慧教室，将实体互动课堂、在线互动课堂、云课堂、泛在课堂四位一体化。

当前，我们正处于教育信息化的时代背景下，要实现教育转型升级，进一步向信息化迈进，建设智慧校园是必然趋势。智慧校园是智能教育的重要表现形态，其建设范围实现了广度与深度的双重延伸，如图 10-12 所示。

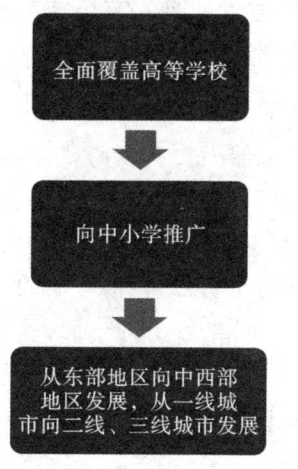

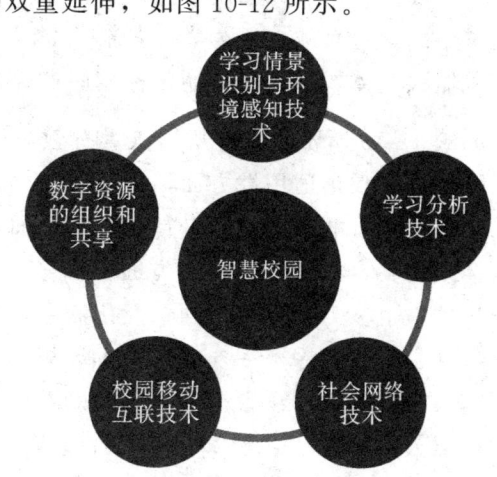

（a）广度：智慧校园的建设范围仍有待扩大　　（b）深度：智慧校园的技术深度仍有待挖掘和突破

图 10-12　智慧校园纵横双向延伸

资料来源：前瞻产业研究院。

在广度方面，要进一步加大智慧校园的建设力度，扩大智慧校园的建设范围，使其全面覆盖高等学校，再向中小学推广，然后进一步地从东部地区向中西部地区发展，从一线城市向二线、三线城市发展。在深度方面，目前，应用于智慧校园建设的技术有学习情景识别与环境感知技术、学习分析技术、社会网络技术、校园移动互联技术、数字资源的组织和共享。当然，要构建更智能的智慧校园，目前的技术水平还是有限的，因此，为了打造更优质高效的智慧校园，我们要进一步突破智慧校园所应用的各种技术。

三、智能产品：教育机器人

在智能产业化、产业智能化的"智能+"时代，智能机器人是技术与产业融合发展到一定阶段的产物。国际机器人联盟（IFR）对机器人进行了划分，根据应用环境的不同，机器人可分为工业机器人和服务机器人两大类。公开数据显示，预计到2020年全球服务机器人市场规模将达到近160亿美元。教育机器人隶属于服务机器人，是服务机器人的重要分支，在多方面因素的共同作用下，教育机器人将迎来快速增长期。顾名思义，教育机器人是针对教育领域专门研发的以培养学生的分析能力、创造能力和实践能力为目标的机器人，具有教学适用性、可扩展性、趣味性和友好的人机交互等特点[1]，是由生产厂商专门开发的以激发学生的学习兴趣、培养学生的综合能力为目标的机器人成品、套装或散件，除了机器人机体本身之外，还包括相应的控制软件和教学课本等。[2]

如图10-13所示，教育机器人具有教学适用性、可扩展性、趣味性、友好性四大特征。在教学适用性方面，相对于教师而言，教育机器人更有耐心，能根据不同学生所具有的不同特点进行教学，进而能使教学内容、教学方法、教学主体达到高度的契合。在可扩展性方面，当今时代是消费者日益追求个性化的时代，教育机器人也极力满足用户的个性化需求，用户可根据需求自由拆卸/设计/组合模块部件、编写程序。在友好性方面，教育机器人能够与用户进行互动和交流，可实现人工智能机器设备与人类之间的友好的人机交互。在趣味性方面，通过将教育机器人与STEAM创客教育结合起来，将复杂的知识简单化，以通俗易懂的

---

[1] 张剑平,王益.机器人教育:现状、问题与推进策略[J].中国电化教育,2006,(12):65-68.
[2] 罗堃,杨小莉.鸵城机器人教育事业的先行者[J].潮商,2014(2):53-55.

方式为学生讲解知识，可极大地激发学生的学习兴趣。①

随着人工智能、机器人技术等智能技术的逐渐成熟，教育机器人作为一个新兴领域，近年来吸引了大量的投资，市场规模不断增长，行业进入了快速发展期。教育机器人种类繁多，涉及不同的年龄阶段，主要有智能玩具、教室远程控制机器人、STEAM教具、特殊教育机器人等产品。虽然人们对教育机器人的研发时间并不长，但纵观全球，目前世界上至少有25个国家正在从事服务机器人的研发，其中，美国、瑞士、意大利、日本等国在教育机器人研发领域处于领先地位。教育机器人在社会中发挥着越来越重要的作用，全球教育机器人市场规模逐年增长，市场规模总体上呈稳步上升态势，并保持着20%以上的增长率。

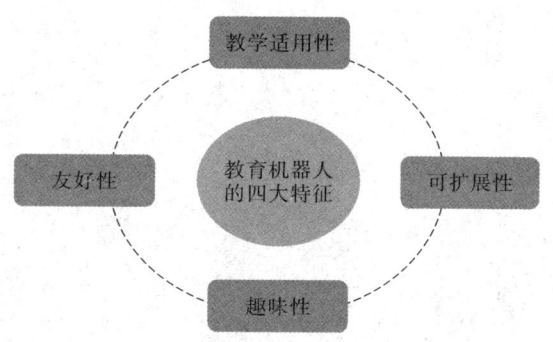

图 10-13　教育机器人的四大特征

资料来源：前瞻产业研究院整理。

如图 10-14 所示，全球教育机器人市场规模从 2014 年的 4.4 亿美元扩大到 2015 年的 5.45 亿美元，市场份额增加了 1.05 亿美元，同比增长 23.86%；2016 年比 2015 年增加了 1.71 亿美元，市场份额达到 7.16 亿美元，同比增长 31.38%；虽然 2017 年增长率较往年略有下降，但市场规模持续增加，人工智能教育机器人在全球发展态势良好。

我国对教育机器人的研究起步较晚，直到 20 世纪 90 年代后期才逐步发展起来，目前许多技术难点仍有待进一步解决，该行业在我国虽处于初级发展阶段，但其发展速度惊人，教育机器人较机器人教育具有更大的发展潜力。公开数据显示，截至 2017 年，我国教育机器人市场规模达到 13.6 亿元，同比增长 31%，自 2011 年开始，我国教育机器人行业一直保持着较高的增速，2015 年，我国教育机器人市场规模为 7.5 亿元，同比增长 25%，2016 年行业增速最高，同比增长率为 39%，近几年我国教育机器人市场规模如图 10-15 所示。

当前，越发成熟的技术水平、更加具体化的市场需求引发了产业链和产业关

---

① 孙世峰.2018 年教育机器人行业发展现状与 2019 年趋势分析 专用型机器人市场空间广阔 [EB/OL].（2018-12-18）[2019-10-25]. https://ecoapp.qianzhan.com/detils/181218-4a0dd396.html?uid=ffffffff-fada-8851-ffff-ffff8136576b.

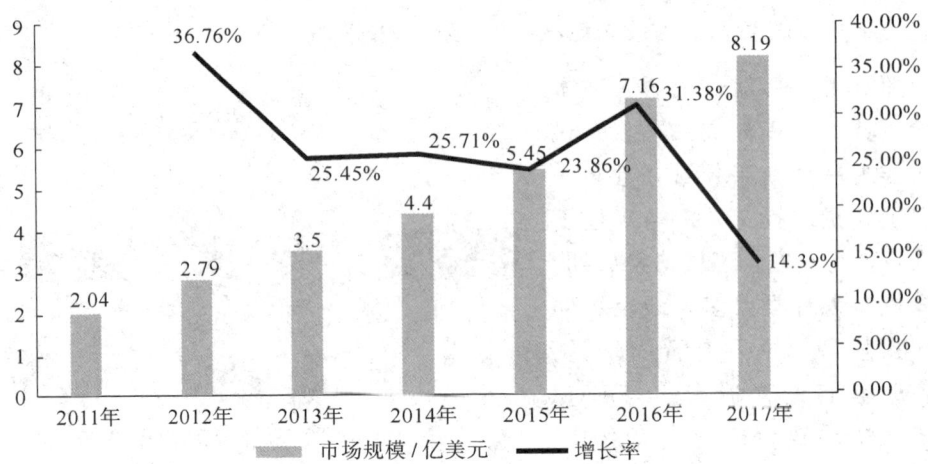

图 10-14 2011—2017 年全球教育机器人市场规模
资料来源：前瞻产业研究院整理。

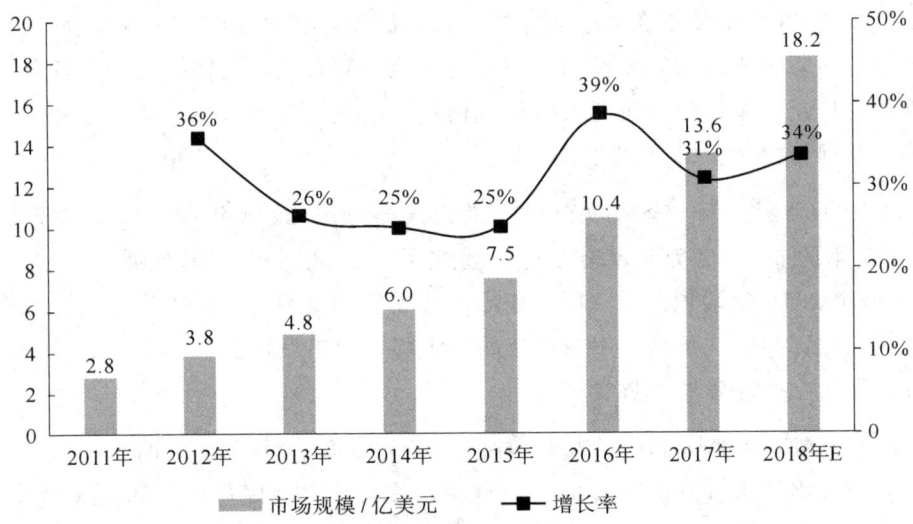

图 10-15 2011—2018 年中国教育机器人市场规模
资料来源：前瞻产业研究院整理。

系的变化，以适应多变的市场需求以及多样的竞争和合作关系。在资本的助推下，尚处于初始发展阶段的教育机器人行业逐步形成产业链的专业化分工。同时，随着机器人制造技术的日益成熟与完善，教育机器人行业加快了研发与应用的步伐。在人工智能等智能技术的助推下，教育机器人行业具有巨大的发展红利，备受具有敏锐洞察力的投资者们的青睐，资本的推动使得一大批新兴的教育机器人企业融入市场，教育机器人行业的市场格局开始呈现出两大市场分支：一是以乐高为代表的"硬件技术"派，二是以 Wonder Workshop 为代表的"教育功能"派。后者的涌现正在冲击着乐高一家独大的市场地位。

不仅科技巨头纷纷进军教育机器人行业，众多新兴初创公司也涌入教育机器人行业，使得智能教育产品呈多样性与多元化发展。以生产无人机为主要业务的大疆创新也跨界转型，进军教育机器人行业，其在 2019 年 6 月基于互联网的产品思维推出的首款教育机器人机甲大师 RoboMaster S1（如图 10-16 所示），一经问世就赢得了极其热烈的市场反响，销售数据与日俱增。机甲大师 RoboMaster S1 不仅配备了光传感器、声音传感器、力传感器等传感器，还拥有强大的中央处理器，无论是从硬件、软件还是从运营板块角度来看，都是一款处于行业领先地位的智能教育产品，其秉持寓教于乐的教育理念，是一款将竞技娱乐与编程学习融为一体的教育机器人玩具。

图 10-16　大疆机甲大师 RoboMaster S1

除此之外，在教育机器人行业发展势头正足的当属商汤科技。商汤科技原本是以视觉识别为主要经营业务的，在"智能+"的时代背景下，转型升级成为以可持续经营为目标的企业的必由之路。同样地，商汤科技在 2019 年推出了一系列智能教育产品，如 SenseRover Pro 自动驾驶小车、SenseRover Mini 小车，前者的特点是学生可在 SenseRover Pro 自动驾驶小车上验证自己的算法，后者的特点则是学生可以使用 SenseRover Mini 小车学习 Python 语言、传感器使用、电机控制等知识。

从行业产品结构的细分领域来看，学习型机器人在我国教育机器人市场中占据主导地位，其占比高达 60%，比赛型机器人的占比仅为 30%，这两者占据了教育机器人行业绝大部分的市场份额。未来，学习型机器人和比赛型机器人的概念将有所弱化，通用型机器人和专用型机器人的概念将得到重视。通用型机器人指的是机器人具备工作、娱乐、生活、教育等多种用途，能够配合周边产品的使用达成教学任务；而专用型机器人指的是专门为某种教学情境设计的产品或服务。[①] 目前，通用型机器人是教育机器人行业主要的研发和设计方向，而我们对

---

① 孙世峰. 2018 年教育机器人行业发展现状与 2019 年趋势分析 专用型机器人市场空间广阔[EB/OL]. (2018-12-18)[2019-10-25]. https://ecoapp.qianzhan.com/detials/181218-4a0dd396.html? uid=ffffffff-fada-8851-ffff-ffff8136576b.

专用型机器人的研发设计尚处于起步阶段，但随着技术的完善与教育的发展，专用型机器人具有非常可观的发展前景。

普及率越来越高的教育机器人可以帮助教师处理简单低效的工作，为教师减压减负，使得教师有更多的时间去处理复杂的事务。虽然作为智能教育重要分支的教育机器人确实给传统教育变革提供了许多便利，为教育奇点提供了解决方案，具有美好的发展前景，但我们仍需认识到教育机器人行业尚处于起步阶段，暂未形成完善的行业规范，仍有多处痛点亟待改进：一是处于早期发展阶段，研发经验不足，需要时间进一步探索；二是涌入市场的企业生产的智能教育产品不一，未形成标准化的产品规模，以致教学水平参差不齐；三是教育机器人高昂的价格使得普通家庭望而却步，并未遍及全民；四是商业化风气充斥着各大竞赛活动，目前，竞赛活动多由某些机器人制造商独立或联合举办，教育行政部门的监管力度仍有待提高，此外，不同主办单位之间的竞赛规则、奖励办法等方面有较大出入。

教育的本质应当是育人，应把教育教学的重心放在学生的"学"，而非教师的"教"，教育机器人等一系列智能教育产品很好地反映了教育的这一本质。智能教育更加注重学生的创新思维和独立思考的能力，在关注学生学习成绩的同时，更加注重学生的成长和发展，重视加强师生之间的交流与联系，把提高学生的生命质量和生命价值摆在教育的前排地位。

同时，在"智能+"时代，并不是让机器替代教师，教师充当学生引路人的使命并未改变，教师仍需对学生的世界观、价值观、人生观三方面的精神世界构建提供指引。

智能教育更加注重个性化、智能化、开放性的教学，因此，需要研发出适用于教育教学真实情境的、能帮助师生进行深度思维加工的、好用的智能教学工具，吸引教师主动使用，提升教学水平和教育质量，最终实现提高学生的生命质量和生命价值的目的。

总而言之，在人工智能、大数据等智能技术为技术支撑的时代背景下，教育机器人的生产、机器人教育以及机器人竞赛等智能时代教育变革衍生的产物具有广阔的市场。

第十一章

智能家居:跨界交互,定制服务

技术基础：智能家居的底层支撑
整合创新：机遇与挑战并存
立足市场：市场现状与竞争格局

人工智能、大数据、物联网等智能技术对产业的赋能促进了产业的转型升级，人们普遍体验到了智能产品给生活带来的便利，也对家居生活提出了更高的要求。在智能技术全面赋能家居行业的发展潮流下，智能家居逐步渗透大众的生活，带给用户的科技感越来越强烈，在提升消费者的生活品质的同时，也让消费者的幸福感得到提升。

一、技术基础：智能家居的底层支撑

智能技术的快速普及及其与行业的融合发展推动了消费升级，人们的家庭消费模式也发生了转变，人们开始追求个性化、高品质、绿色环保的家居生活。基于此，居民的家居体验逐步发生了由传统向智能的转变。

（一）智能家居的含义与行业发展

在人工智能、物联网等技术力量全面赋能家居行业的产业发展潮流下，智能家居逐步渗透大众的生活。智能家居这一概念最早为人们所知是于1997年建成的比尔·盖茨的智能豪宅。此后，随着互联网、移动网、物联网、人工智能等信息技术的发展以及"互联网＋""智能＋"概念的相继提出，智能家居迎来了快速发展时期，成为各大家居厂商、互联网巨头等竞相抢占的发展新风口。

智能家居指的是以住宅为平台，利用综合布线技术、网络通信技术、安全防范技术、自动控制技术、音视频技术将与家居生活有关的设施集成，构建高效的住宅设施与家庭日程事务的管理系统，提升家居安全性、便利性、舒适性、艺术性，并实现环保节能的居住环境。[①] 如图11-1所示，当前的智能家居已具有一个相对完善的体系，包括防盗电动卷帘、自动识别系统、灯光场景控制、高清网络监控、报警系统、智能影音控制等智能产品和应用，无论是安全性能方面还是休闲娱乐方面，都可以满足用户的需求。

智能家居这一行业虽然只有短短二十余年的发展历史，但行业发展至今已形成了较为完备的智能家居系统。通过对其发展历程进行深入挖掘可以看出，智能家居并不是完全从"一无所有"的领域发展起来的，其实际上是技术力量发展到一定阶段的产物，是伴随着技术力量的发展与完善而逐步发展起来的。自1997年初次进入公众视野，智能家居经历了互联网时代（1997—2008年）、移动互联网时代（2009—2012年）、物联网时代（2013年至今）三个不同的发展阶段，在不同的阶段有不同的行业政策与行业新成果，其盈利模式也逐渐呈多样

---

① 邱彦昌.聚焦·中国智能家居[J].大社会,2015(Z2):60-63.

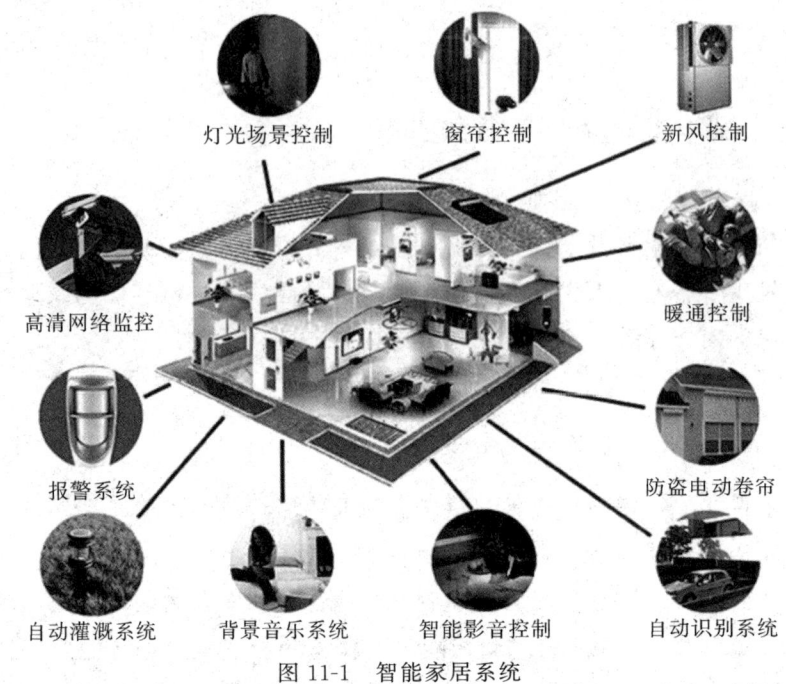

图 11-1 智能家居系统

化，主要以面向家庭的 C 端消费者销售智能硬件和向 B 端产业链上下游企业提供技术＋硬件＋软件服务两种途径来获利。[①]

如图 11-2 所示，智能家居从概念的首次提出到服务落地，仅用了短短二十余年的时间。起初，大部分人对智能家居处于观望状态，在智能家居首次提出后的十年里，其发展较为缓慢，处于初步的市场探索阶段。在最近的十年里，各大厂商开始关注智能家居的发展，并且由于近年来 AIoT 等智能技术备受各行各业青睐，智能家居开始逐步成为资本的宠儿，许多厂商加大力度对智能家居进行研发与投入，一大批智能家居应用落地实施。

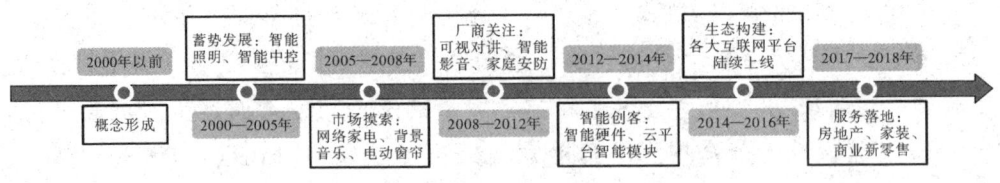

图 11-2 智能家居行业发展历程图

资料来源：前瞻产业研究院整理。

---

① 李晓晓.5G 时代下的智能家居竞争格局——36Kr-智能家居行业研究报告[R].前沿报告库,2019.

在互联网时代,智能家居由概念的初步形成发展到行业探索阶段。在此期间,微软"维纳斯计划"开启了中国对智能家居的探索,海尔推出了新一代网络电视,研发机构开始对智能安防控制系统进行探索,宽带网络开始普及,苹果公司推出了 3G 网络,智能手机的普及推动智能家居迈进了移动互联网新时代。

在移动互联网时代,随着 3G 网络、智能手机等日益走进大众的生活,智能家居开始得到各大厂商的关注。IBM 正式提出了构建"智慧城市"的愿景,TCL 研制出了国内第一台基于 Android 操作系统的互联网电视,一系列智能家居由实验室走进大众生活场景,可视对讲、智能影音、家庭安防等开始发展起来,智能家居又向前迈进了一大步。

在物联网时代,随着物联网、云计算等技术的发展与完善,智能家居由智能创客、生态构建发展到服务落地,智能家居系统也日益趋于全面。其间,各大互联网巨头与科创公司纷纷布局智能家居生态圈,由此产生了智能路由产品、"微博空调"、智能家居平台、JD+平台、U+平台、智能家庭套装、智能摄像头等一系列智能家居产品与平台。

(二)智能家居的技术基础

在智能家居行业发展的不同阶段,技术力量发挥了极其重要的作用,AI+5G+IoT 为智能家居行业提供了有力的技术支撑。技术力量的赋能是智能家居"长盛不衰"的驱动力,人工智能、5G、物联网、云计算等技术成为推动智能家居发展的核心技术。

(1)人工智能技术是智能家居的基础基因。[①] 人工智能在智能家居中应用广泛,主要涉及智能照明系统、智能场景系统、智能门窗系统、智能语音系统、智能环境系统、智能安防系统这六大智能家居系统,旨在实现由家居联网操作逐步过渡到家居自动化,最终使得人与物之间实现人机交互,使机器依照人类的指令全面地为人们服务。

智能照明系统能够依据灯光的强弱自动调光,还为人们提供了远程手机控制功能,可以实现一键关闭家中电源,具有更加高效便捷、安全节能、调节自如等

---

① 李晓晓.5G 时代下的智能家居竞争格局——36Kr-智能家居行业研究报告[R].前沿报告库,2019.

特点。智能场景系统可以依据用户的习惯及需要设置不同的场景模式，如回家模式、会客模式、外出模式、睡眠模式等，真正实现家居的人性化和智能化的特性。① 智能门窗系统指的是门窗的自动化、智能化，具有智能开关、智能动态玻璃、无线遥控等功能，例如，智能门窗系统能够利用指纹或声音迅速打开智能门锁，还能够在开门的同时相继打开灯光、窗帘等。智能语音系统旨在增强人机之间的沟通，例如，我们在想听音乐放松时，直接向天猫精灵、小爱同学等发送播放音乐的指令即可实现音乐自动播放。智能环境系统能够根据周围空气质量、空气温湿度等对室内的环境进行调节，以营造一个健康、舒适的生活环境。智能安防系统能够利用视频监控、门磁开关等智能识别周边安防，及时发现隐患和陌生来客，及早告知主人以规避与排除险情。

（2）5G是智能家居的传承基因，为智能家居落地提供网络通信保障和安全防护保障。5G技术具有超高速率、极大容量、高度可靠、超低延迟等优势，为监测和管理信息提供了极大的便利，5G技术的应用使智能家居行业迎来了新的发展机遇，智能家居各部件之间能够实现更精准和更迅速的感知，大大提高了家居的智能化程度。5G网络所具有的优势能够支撑海量的数据，推动人与机、机与机之间的连接更高效、更深层次。

5G网络的全面商用给智能家居安全防护带来的变化可以从室内与室外两个维度来说明：如图11-3所示，在室内，智能家居能够随时随地感知用户的需求，只要用户发出需求指令控制，智能家居就能够迅速快捷地执行，并及时全面地断开设备，以免资源浪费；在室外，住户离家或者熟睡时，安全防护系统会自动开启，如遇到入侵者，系统会自动发出警报，阻止入侵者下一步的行动，减少家庭的财产损失。在"智能+"时代，5G能够推动智能家居进一步深入发展，就智能电视来说，5G的应用有助于促进4K超高清频道早日普及，甚至有助于提早进入8K超高清频道。②

（3）物联网是智能家居的核心基因，是智能家居落地的核心技术，促成完备的管理操作系统。物联网以互联网、传统电信网等信息网络为载体，充当物与物之间连接与沟通的桥梁，是致力于实现万物互联互通的一种网络。物联网技术融合了传感器、通信网络、计算机等多种技术，借助于传感器联网技术将

---

① 杨一晨.基于嵌入式和物联网的智能家居系统[D].大连:辽宁师范大学,2014.
② 李晓晓.5G时代下的智能家居竞争格局——36Kr-智能家居行业研究报告[R].前沿报告库,2019.

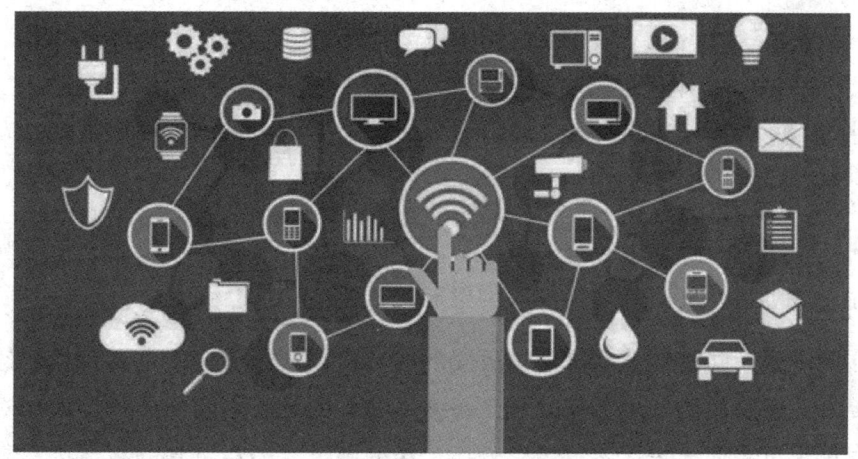

图 11-3　5G 全面商用

家中的各种设备连接起来,作为智能家居分水岭的物联网可使家居各大子系统实现智能化。

智能家居是物联网的一种体现,二者是相辅相成的。物联网的发展重新定义了智能家居的概念,把智能家居从"数字家庭"升级到"智慧家居"这个层次,对智能家居的市场空间、发展方向、产业规模等进行了拓宽与延伸,给智能家居带来了第二次"生命",能够为用户提供更智能化的家居体验。①

(4) 云计算是智能家居的永动机,支撑智能家居设备的联网与数据存储处理。任何一种技术力量都不可能独立地影响某个行业,云计算也不例外。物联网的架构离不开云计算,同样地,没有云计算的智能家居也不是有效的家居,云计算结合物联网等技术对智能家居的发展起到重要的推动作用。

云计算在智能家居的发展中扮演着极其重要的角色。云计算可满足智能家居的各种需求,是智能家居最好的伙伴,通过云计算建设一个"云"家,即可更加精准快速地实现对家居设备的控制,在使用户获得更好的云服务的同时,使成本更加低廉。② 云计算低成本、高效率、安全与弹性的特点有效支撑智能家居设备的联网和数据存储处理,在设备和功能数量明显增多的情况下,满足家庭场景低功耗、实时性和可靠性的复杂需求。③

---

① 李伟强.物联网技术成引擎为智能家居添动力[J].中国公共安全(综合版),2012(14):64-66.
② 罗超.2015年智能家居市场持续增长[J].中国公共安全,2015(12):58-61.
③ 李晓晓.5G时代下的智能家居竞争格局——36Kr-智能家居行业研究报告[R].前沿报告库,2019.

二、整合创新:机遇与挑战并存

在"智能+"时代,经济发展迅猛,智能家居的发展在供给端和需求端双侧既存在发展机遇,又面临亟待解决的发展桎梏。

在新时代,随着社会经济的高质发展与进步,我国社会的主要矛盾已经转化为人民日益增长的美好生活需要和不平衡不充分的发展之间的矛盾。人们对生活质量提出了更高的要求,不仅追求物质生活的满足,还注重精神生活的需要,居民消费开始升级,个性消费、品质消费、绿色消费、情感消费等各种新型消费模式开始成为人们消费的主流模式,人们对家居体验提出了更高的要求。随着物联网、人工智能等智能技术对智能家居的冲击与赋能,无论是家居技术还是家居市场与行业变革,在各种因素的影响下,机遇与挑战并存。

当前,智能家居面临着消费升级、网络资费降低等推动行业加速升级的驱动力,同时面临着行业标准不统一、语音识别技术普及慢、成本高渠道窄服务不到位、市场缺乏用户教育、智能家居产品价格高昂、产品联通性差等亟待解决的发展瓶颈。

(一) 发展机遇

(1) 消费升级。我国居民消费升级是新时代行业发展的必然结果。在消费升级的新阶段,我国消费模式显现出两个显著发展趋势:一是人群分化加剧,更垂直更具差异;二是消费观更迭,理性与价值开始回归。

人类的消费活动可以分为生存型消费、发展型消费和享受型消费。生存型消费是最低级的消费,如衣、食、住、行等;发展型消费是为提高自身素质和技能而进行的消费活动,包括接受教育、培训等;享受型消费是人们为了满足享受需要而产生的消费,是较高层次的消费形式[①],包括旅游、购买高档商品等。

---

① 戴康颖,刘群,尤蕊.旅行随拍的模式创建与运用中存在的问题及对策[J].科教文汇(上旬刊),2018(2):163-164.

在消费升级的新阶段，国民消费需求不断发生变化，精神消费、知识消费、健康消费、智能化消费日益成为人们所追求的消费方式。随着消费结构、消费模式和消费人群的升级，在消费观、消费能力以及消费结构上，不同人群在消费方面的综合差异巨大。

公开数据显示，2017年我国中产阶级（年收入15万～35万元）人数介于2.5亿～3.85亿之间，产生了巨大的中产红利，中产人群消费具有先锋性与支撑性的作用。然而，中产阶级的覆盖范围只是一小部分人群，消费升级进一步扩大了中产阶级与非中产阶级之间的消费差距。

当下，随着经济的蓬勃发展以及生活条件的改善，人们开始追求更高质的生活方式，消费的升级开始拉动80后对智能家居的追求，以80后、90后为代表的青年人群逐步成为智能家居消费的主力军。青年消费者与传统消费者的消费模式与消费观念侧重点存在较大差距，产品的价格和品牌是传统消费者的主要关注对象，而以80后、90后为代表的青年消费者更倾向于从多个角度考察产品的性能，尤其是家电的"智能化"（占比为71.5%）和"与其他家电联网"（占比为61.7%）这两个要素，折射出青年消费者的需求已然成为我国智能家居行业的消费主流。[①]

（2）网络资费降低。通信技术的高速发展促进了网络资费的降低，扩大了使用网络的人群基数。随着5G商用牌照的发放，通信资费将降低。一方面会促进下沉市场的用户选择使用智能家电产品，首先促进的是智能影音娱乐方面，智能影音产品正在受到消费者的青睐，其中，智能投影设备2018年市场零售量达到了261.2万台，同比增长102%，零售额为59.5亿元，同比增长121%；另一方面会推动全屋智能的落地与普及，提高人们的生活质量和幸福感，2019年上半年在我国家电行业市场销售规模同比下降2.1%的情况下，智能家电却增长迅猛，家电市场出货量约为2838台，同比增长22.8%。

5G、人工智能、物联网等智能技术的日益成熟推动了网络资费的降低，使得人们开始增加对智能家电产品的需求，网络电视、天猫精灵、小度机器人等智能家居产品的市场规模逐步扩大，居民的家居家电日益步入智能化，进一步提高了全屋智能的普及率。在智能家居行业市场更新换代的发展机遇下，全屋智能场

---

① 李晓晓.5G时代下的智能家居竞争格局——36Kr-智能家居行业研究报告[R].前沿报告库,2019.

景化应用将成为家电行业增长的新驱动力。①

(二) 发展桎梏

(1) 行业标准不统一。智能家居从概念形成到智能创客再到服务落地，在我国的发展已有二十余年的历史。然而，我国智能家居仍处于行业发展初期，缺乏统一的行业标准，行业标准体系亟待建立健全。当前，智能家居是家居业的新一轮投资风口，无论是各大互联网巨头还是众多初创企业，都瞄准了智能家居这一发展浪潮，纷纷投入资金与技术。然而，众多企业的涌入造成了从事智能家居研发的企业大而不强的混乱局面。此外，智能家居行业目前暂未形成统一的行业规范，使得市场上充斥着大量质量参差不齐的智能家居产品。

家居行业是关乎国计民生的重点行业，也是制造领域特点突出的优势行业，行业标准不统一会引发一系列发展弊端：一是创新能力有待提高，家居行业整体利润率偏低，投入新技术研发难度较大；二是家居产品质量参差不齐的现象普遍，市场上流通的多为通用类、低价低质的、企业间互相仿制的产品，而精品类、高端定制的、原创性的产品较少；三是行业企业多为中小企业，核心品牌能力强的龙头企业的市场规模和企业数量有待增加，且其对中小企业的辐射程度较弱；四是人才队伍跟不上行业发展的需求，随着5G时代的来临，新技术在家居行业的场景化应用急需高水平人才的匹配。②

(2) 语音识别技术普及慢。智能语音是智能家居的起点，语音识别技术是智能语音的技术支撑。随着人工智能技术为智能家居的赋能，智能家居产品以与语音结合的方式进入智能家庭领域，一大批智能家居产品达到成熟并不断实施落地。

早上醒来，窗帘自动打开，电视开始为我们播放今天的新闻和天气预报，智能音箱放起了音乐以赶走我们的疲惫，扫地机器人正在悄无声息地清洁卫生，在我们离家之后一系列电子设备又恢复了待机状态。然而，这一幕美好的生活场景似乎在现实生活中并不如预期那般美好，智能设备常常听不懂我们的指令。从目前的情况来看，智能家居产品和语音助手进入用户生活场景的速度在某种程度上或许已经超过了语音助手智能水平的成长速度，语音识别技术的精确程度和识别速度有待进一步提高。

---

① 李晓晓.5G时代下的智能家居竞争格局——36Kr-智能家居行业研究报告[R].前沿报告库,2019.
② 徐建华.质量提升标准先行[N].中国质量报,2019-03-06(A04).

此外，随着智能厨房电器、睡眠跟踪记录传感器等设备的广泛应用，现在智能家居已经延伸到家庭中最私密的区域，用户隐私是否会被不法之徒利用成为人们关注的一大焦点。[①]

（3）市场缺乏用户教育。智能家居行业在我国已有二十余年的发展历史，但时至今日，智能家居行业的巨头屈指可数，智能家居的普及率依然有限。用户对家电的适配选择优先级还是比较偏向刚需的家电单品，比较常见的有电视、空调、冰箱、洗衣机等智能家电，而智能音箱、家用投影仪、酒柜、即热式燃气热水器、智能马桶等智能家电并未普及，仅有少数家庭使用。

智能家居产品智能化程度较低，用户体验感较差，且消费者对智能家居产品大多持观望态度，智能家居行业面临着行业市场亟待教育的局面，需要转变人们对家居设备的传统观念，以使用户获得更高质的智能家居生活体验。

（4）智能家居产品价格高昂。个性化、智能化、提供定制性服务等特点无疑是智能家居价格不菲的原因之一。虽然随着技术的不断进步发展，智能家居的价格已有所下降，但是购买、安装、使用的成本仍比普通的家居安装成本高出不少，这对普通家庭来说仍是难以负担的。当然，个性化、定制性服务也为消费者提供了多种价位的选择方案，消费者给出的报价不同，其享受的智能家居的体验也不同。例如，智能空调、智能开关、智能门窗防盗系统等智能设备所需的费用相对较低，而把智能家居系统应用于客厅、卧室、书房、厨房、卫生间、玄关等全套家庭应用场景中所需的费用则比普通家居装修费用高得多。

从目前智能家居行业的发展现状来看，随着智能家电单品渗透率的加速增长及其普及率的提高，人们的家装单品中随处可见智能家居产品，未来智能家居产品的价格会更亲民。

（5）产品联通性差。虽然各种智能家居产品给人们带来了极大的便利，但是各产品之间的连接设备存在诸多问题。智能家居产业链上囊括各种智能家居产品，但是生态链不够完善，各种智能家居产品和应用之间存在联通性较差的问题，而且产品与应用之间的连接大多局限于自家品牌内部，不同品牌之间的互动性有待进一步提高。当前，各种智能家居产品的作业多为独立工作，各单品之间缺少网络连接。此外，智能家居系统和智能家居单品之间普遍分离，智能家居系

---

① 李晓晓.5G时代下的智能家居竞争格局——36Kr-智能家居行业研究报告[R].前沿报告库,2019.

统主打 B 端市场，与地产、公寓、线下家居门店协同，能够搭建展厅向消费者进行展示，而智能家居单品（如电视机、空调、空气净化器、饮水机、扫地机器人等）相对独立，且设备需连上 WiFi、装上蓝牙后，交由智能手机或智能家居系统来操控。①

虽然智能家居当前的发展面临着诸多难点，但是在人工智能、大数据、5G、物联网等智能技术的赋能下，智能家居具有非常可观的发展前景。智能家居显现出三个发展趋势：一是智能家居将以数据为核心，向核心盈利模式靠拢；二是技术力量的日益完善将助力智能家居场景的实现；三是智能家居产品将致力于实现产品多样化，由单一走向多元。

三、立足市场：市场现状与竞争格局

近几年来，消费升级、技术赋能等的驱动促进了家庭生活的便捷化、智能化、舒适化、人性化，人民生活持续改善。智能家居是新一代信息技术与家居行业融合的全新场景，是辐射能力强大、应用场景广泛、投资前景可观的家居产业。同时，随着智能家居技术的更新迭代与不断优化，一大批智能家居产品不断涌现，备受投资者的青睐。当前，智能家居不仅在市场规模、市场渗透力、投融资等市场层面取得了重大突破，在消费人群、应用场景等层面也有了更深一步的拓展。

（一）市场规模

随着家居市场的放开和技术力量的大力驱动，国内智能家居行业迅速崛起。2015—2018 年，我国智能家居市场规模逐年扩张，整个行业呈现高增长态势。智能家居当下虽处于行业发展初期，但其产业规模已非常可观，预计未来几年智能家居行业市场规模将进一步扩大。

公开数据显示，我国智能家居市场规模由 2015 年的 403.4 亿元扩大到 2017 年

---

① 李晓晓.5G 时代下的智能家居竞争格局——36Kr-智能家居行业研究报告[R].前沿报告库,2019.

的866亿元,到2018年年底,行业市场规模已经突破1 000亿元,规模高达1 285亿元,达到了历史新高,同比增长48.38%,如图11-4所示。2019年,智能家居行业依然火热,按此增长速度发展下去,智能家居市场规模有望在2023年突破5 000亿元。

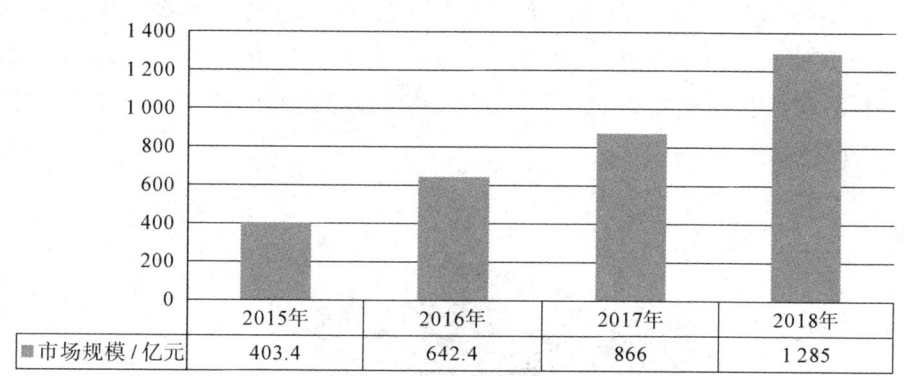

图11-4　2015—2018年我国智能家居市场规模

资料来源:根据公开资料整理。

(二) 市场渗透力

智能家居产品的出现无疑为消费者提供了更多元化的消费选择,给传统家居造成了一定程度的冲击。无论是消费升级还是消费降级,人们的生活质量提高这一点是毋庸置疑的,智能家居正在逐渐渗透大众的生活也是有目共睹的。不论是普通家庭还是富裕家庭,不论是东部地区还是中西部地区,大多数家庭都或多或少地有添置智能电视、空调等智能家居产品。

近年来,消费者对智能产品的需求日益增长的同时,政府政策的支持无异于为智能家居产品的推广增添了助力。2015—2018年,我国智能家居市场规模从403.4亿元增加到1 285亿元,从侧面显示出智能家居行业对居民生活的渗透不断增强。

(三) 投融资

2014年谷歌收购Nest事件极大地刺激了国内的智能家居市场,短短几年间,智能家居行业已成为资本的宠儿。BAT等互联网巨头拓展自己的业务范围,转向智能家居的研发,众多初创企业纷纷涉足智能家居行业,企业的这些行为无疑将智能家居推上了投资的新一轮风口。

智能家居是一种与新一代信息技术相伴而生的产物,信息技术的日益成熟推动了智能家居的快速发展。从融资案例数及融资事件轮次来看,智能家居近几年依旧备受资本青睐,但从智能家居行业融资事件轮次来看,如图11-5所示,近几年天使轮和A轮在全年融资项目中的占比高达75%,而种子轮投资仅占4%,从侧面反映出当前行业尚处于早期发展阶段,行业投融资有待进一步探索与挖掘。

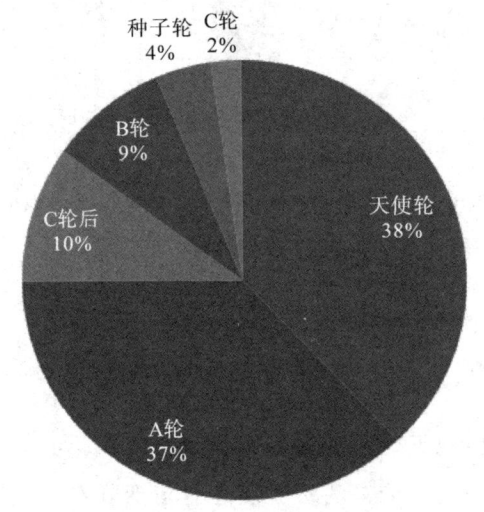

图11-5 2018年我国智能家居行业融资轮次
资料来源:根据前瞻产业研究院、36氪研究院资料整理。

如图11-6所示,2013—2016年,智能家居行业融资案例数逐年上升,2016年智能音箱的争夺战带来的热度使得智能家居行业达到投融资的顶峰,但是,受经济环境的影响,在2017年以后行业出现融资难的现象。2018年,我国智能家居产业融资案例数为51起,相比于2016年的97起,2017年和2018年的融资案例数均略有下降,资本市场寒冬的到来使得智能家居行业投资热度有所冷却。智能家居行业面临整合,由解决消费者的刚需转向生产更多样化的产品,以全方位满足消费者的合意需求,各大商家依旧紧锣密鼓地布局行业市场。当然,智能家居的热度并不会就此退去,其仍然具有广阔的发展前景。[①]

---

① 李晓晓.5G时代下的智能家居竞争格局——36Kr-智能家居行业研究报告[R].前沿报告库,2019.

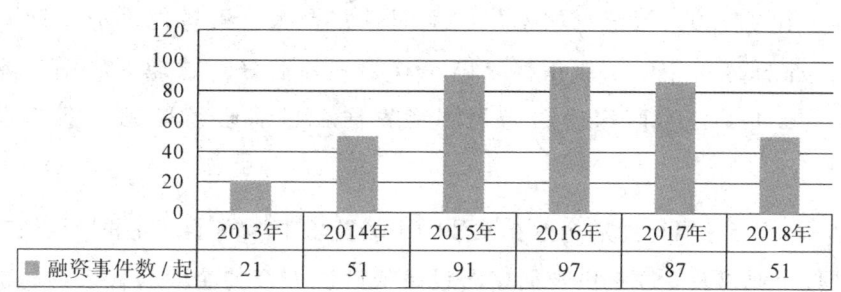

图 11-6 2013—2018 年我国智能家居行业融资事件数

资料来源：根据前瞻产业研究院、36 氪研究院资料整理。

（四）用户人群

当下，不仅智能家居单品普及率有显著差异，不同群体对智能家居单品的消费偏好也存在差异。公开数据显示，性别、年龄、区域等都会影响智能家居产品的使用率与产品偏好。

首先，在性别方面，数据表明，男性智能家居用户占比为 60.2%，而女性仅占 39.8%，男性用户占比比女性用户占比高出 20.4%。

其次，不同年龄段的消费人群对智能家居单品有不同的偏好，35 岁以下的中青年消费者比较有活力，钟爱综合电商和娱乐等活动，智能投影设备、智能音箱等单品更能赢得该类消费群体的青睐，而 35 岁以上的消费群体对生活品质有更高的要求，追求更健康的生活方式，更加偏好于健康饮食、优质睡眠、洁净空气等方面，对智能空气净化器、智能净水器、智能摄像头等单品的偏好会更强。

最后，不同的区域所拥有的经济社会资源有所差异，在北京、上海、广州、深圳等经济发达的一线或超一线城市，人们的消费水平和生活质量较高，人们更加注重对生活品质的追求，这些区域的消费群体对智能家居的消费多倾向于中等及中高消费，消费活跃度最高。

（五）竞争格局

构建智慧城市的愿景在 2010 年首次被提出。近年来，随着我国智慧城市试点工作的启动,智能家居的成长空间日益扩大,而智能家居是国家智慧城市试点指标体系中的三级指标,国家政策一片利好,智能家居细分场景潜力巨大,推动了各大商家纷纷布局智能家居,目前已经形成完整的行业产业链。

同时,智能家居行业的企业在激烈的市场竞争中形成了以互联网巨头、家电3C等硬件企业以及专注提供智能家居设备或解决方案的企业为代表的智能家居主力玩家,形成了三大阵营的竞争格局。

第一阵营是以 BAT 为代表的互联网巨头。互联网巨头拥有硬件、软件等方面的基础设施,显然不会仅从单方面布局,互联网巨头会从平台、硬件等角度统一着手,全方位打造智能家居生态圈。以百度为例,自 2013 年起,百度陆续成立了深度学习研究院、硅谷人工智能实验室、增强现实实验室、大数据实验室、深度学习以及应用国家工程实验室,经过一系列的整合,逐步形成了百度智能云和百度大脑平台体系,为百度进军各大智能领域提供了平台,智能家居是百度人工智能探索道路上的核心领域之一。百度所推出的 Raven H 智能音箱(如图 11-7 所示)是集百度人工智能时代所有技术之大成的终极硬件形态,百度所研发的智能家居产品有小度在家、小度智能音箱等。

图 11-7　百度 Raven H 智能音箱

第二阵营的主要代表企业是家电 3C 等硬件企业。家电 3C 企业可分为家电企业和 3C 企业两个方面。在家电企业中,大力布局智能家居的主要有格力、海尔、美的和 TCL；而在 3C 企业中，对智能家居的布局以智能手机为主，华为和小米就是比较典型的代表企业。

在传统家电企业中，美的是行业内率先布局智能家居生态圈的企业。近年来，美的始终围绕布局智能家居，使得智慧生活落地，从生活的方方面面打造智能化、产业化、市场化的智能家居生态圈，从搭建底层技术、整合应用软件、提升用户体验、搭建人才团队等方面进一步推进智能家居的落实，集美的各事业部的多个 App 于一体的美居 App 是美的在智能家居领域的又一大突破。

而在 3C 企业中，小米和华为是两个突出"玩家"，二者打造智能家居的策略略有不同。小米在主推智能手机的同时，积极向智能家电转型，作为智能家电的新锐"玩家"，小米推出了面向未来的智能电器品牌——"米家"品牌，米家洗烘一体机、米家互联网烟灶套装、小米 AI 音箱（如图 11-8 所示）等一系列新品走向市场。而华为致力于构建万物互联的智能世界，面向的用户不仅包括个人，还包括家庭、企业等，华为更加注重鸿蒙系统、HiLink 连接服务等核心技术，以及华为智慧屏等智能硬件设备。

图 11-8　小米 AI 音箱

第三阵营是专注提供智能家居设备或解决方案的企业。这类企业可分为以鹿客为代表的提供智能单品的企业和以欧瑞博为代表的提供全屋解决方案的企业。欧瑞博主要以建筑电器为切入点，致力于打造基于家庭、酒店、办公等场景的整体智能化解决方案，在智慧家庭场景下，以智能光照、安防传感、门帘遮光等七大系统打造更舒适便捷的全宅智能生活，在智慧酒店场景下，应用创新型全智能化客房控制系统，在智慧办公场景下，为办公环境提供更节能、更高效的智能体验，可节省高达 41% 的能源，为用户提供更节能、更舒适、可持续的居住和工作环境。